すぐわかる
SPSSによるアンケートの
調査・集計・解析

［第６版］

内田　治 著

東京図書株式会社

◆本書では、IBM SPSS Statistics 26 を使用しています。
SPSS 製品に関する問い合わせ先：
〒103-8510 東京都中央区日本橋箱崎町 19-21
日本アイ・ビー・エム株式会社 クラウド事業本部 SPSS 営業部
Tel. 03-5643-5500　Fax. 03-3662-7461
http://www.ibm.com/software/jp/analytics/spss/

◆本書で使用しているデータは、東京図書 Web サイト（http://www.tokyo-tosho.co.jp/）の本書の紹介ページからダウンロードすることができます。

すぐわかるSPSSによるアンケートの調査・集計・解析
［第6版］

はじめに

アンケート調査は業種、分野を問わず、様々な場面で実施されているデータ収集活動の一つである。アンケート調査の目的も多岐にわたっており、顧客満足度調査に見られるような企業が実施する調査は、問題解決のための指針を得るために行われることが多く、大学のような教育・研究機関の研究者が実施する調査では、研究者の提唱する仮説を検証するために行われる例が多く見られる。

アンケート調査は従来、その専門機関に依頼して実施してもらうというケースが多かった。しかし、最近ではパーソナル・コンピュータの普及と高機能なワープロソフトやデータ処理ソフトが登場してきたことにより、アンケート用紙（調査票）の作成から調査結果の集計と分析に至るまで、自前で容易にできるようになってきた。このため、従来にも増してアンケート調査が実施されるようになってきている。同時に調査の必要性そのものが高まってきている。企業が調査を必要とする場面が増えてきているということである。顧客が何を望んでいるのか、何に不満を持っているのかを正確に把握し、顧客に満足感を与える商品を提供していかなければ、企業が存続できなくなるからである。

本書はアンケート調査を実施しようとしている人を対象にした書籍である。アンケート調査の計画と解析についての基本的な知識を習得していただくことを目的としている。

本書の特長はアンケートデータの集計と解析に『ＳＰＳＳ（エス・ピー・エス・エス）』という統計ソフトを活用している点である。ＳＰＳＳを取り上げた理由は、アンケート調査で収集されたデータの集計に役立つ機能が充実していること、データを統計的に解析する手法が豊富に備わっていることである。また、世界的に普及しているソフトウェアであり、信頼性が高いということも取り上げた理由の一つである。

本書の構成はつぎの通りである。

第１章はアンケート調査の計画段階における留意事項について述べている。何人を調査すればよいのか、また、質問文を作成するときにはどんな点に注意する必要があるのかといったことを中心に解説している。

第２章はアンケート調査を実施して収集されるデータの特徴について述べている。アンケート調査のデータは、測定器具を使って物理的に計測したデータとは性質が異なる。したがって、データの処理方法にも特別な配慮が必要になってくる。

第３章はデータの集計方法とグラフによる表現方法を解説している。アンケート調査で得られたデータの集計は単純集計とクロス集計が基本である。この集計をＳＰＳＳで行い、グラフ化する方法を解説している。さらに、数量データの要約方法とグラフ化の方法を解説している。

第４章は比率（割合）を統計的に解析する方法を述べている。アンケート調査の集計結果は何％の人が賛成したかといった比率で整理されることが多い。この章では比率を解析するための手法を紹介している。

第５章は分割表の解析方法を述べている。分割表とはクロス集計した結果の表で、この表を統計的に解析する手法を解説している。

第６章は平均値を統計的に分析する方法を紹介している。アンケート調査の回答結果が年齢や収入などの数量データ（量的データ）として得られるような場合は、平均値に注目して解析することが多いので、そのための解析方法を述べている。

第７章は相関分析について述べている。相関分析は数量データ同士の関係を把握するときに必要となる手法である。また、アンケート調査では回答者に順位を付けてもらうような質問も多いので、回答結果として得られる順位データの相関関係を統計的に処理する手法も併せて解説している。

第６版にあたり

『すぐわかるSPSSによるアンケートの調査・集計・解析』は平成９年（1997 年）の初版刊行以来、改訂を重ねることができ、第６版となった本書で 23 年目を迎えることになった。このような長きにわたり刊行を続けることができたのは、本書を利用していただいている読者のみなさまのご指摘、ご助言のおかげであると深く感謝する次第である。

第６版となる本書で利用したＳＰＳＳのバージョンは 26 である。なお、このバージョンよりも古いものを使用している読者にも使えるように配慮している。

さて、本書では多変量解析は取り上げていない。また、検定と呼ばれる手法についても代表的なものしか取り上げていない。この２つの統計的方法は、アンケート調査で得られたデータの解析に有効な方法であるが、多変量解析にも多くの手法があり、また、検定についても同様に多くの種類があるため、これらの統計的方法については、本書が想定している範囲を超えると判断して、収録を見送ることにした。ただし、多変量解析の中のコレスポンデンス分析（対応分析）と呼ばれる手法はアンケート調査で得られるデータの解析に非常に有用であるので、付録として紹介している。

最後に、東京図書株式会社編集部の松井誠氏には第６版の改訂にあたり、多大なご支援をいただいた。ここに記して感謝の意を表する次第である。

令和元年 10 月 10 日

著者　内田　治

※本書に掲載した SPSS の操作画面は、OS の種類によって若干の違いが生じる場合がありますが、操作上は問題はありません。

目　次

第7章　相関分析　213

付　録　247

●装幀　岡 孝治

第1章 アンケート調査

§1 アンケート調査の基本

1−1 アンケート調査とは

■ アンケート調査と質問紙調査

人の意見や感覚をデータとして集めるための方法に**アンケート調査**がある。アンケート調査とは、事前に質問文を用意し、その質問に対する答え方を通じて回答者の意見や感覚を知ろうとするデータ収集方法のことである。アンケート調査では、質問に対する回答が人の意見や感覚を表すデータとして収集される。通常、質問は文章として紙面上に表示されることから、**質問紙調査**とも呼ばれている。ただし、最近では電子メールやインターネットを利用したアンケート調査も行われていることから、質問「紙」という呼び方はイメージと合わなくなってきている。

アンケート調査は本来「郵送を使った質問紙による調査」を意味するのであるが、一般には郵送によらない方法に対してもアンケート調査という言葉が使われているので、本書でも郵送による方法だけでなく、質問紙を用いる調査方法をアンケート調査と呼ぶことにする。なお、本書では以降、アンケート調査のことを単にアンケートと略して記述する。

ちなみに、アンケートに対応する英語は「questionnaire」であり、アンケートという言葉自体は英語ではない。

■ アンケート調査の進め方

アンケートは、つぎに示す大きな４つのステップで進めていくとよい。

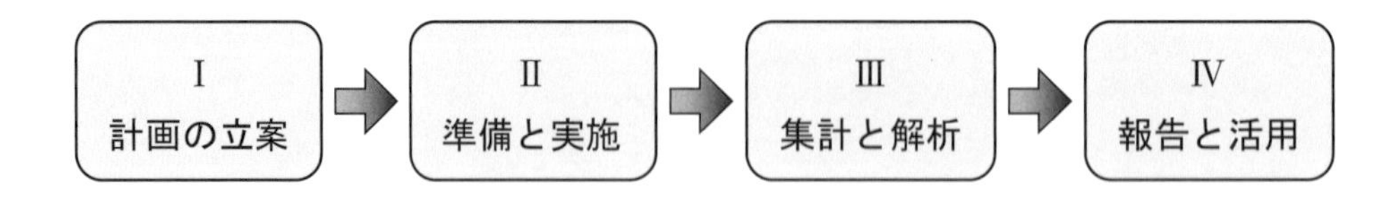

最初にアンケートの計画を立て、その計画にもとづいてアンケートを実施する。つぎに、アンケートで収集したデータを集計および解析して、その結果を報告書などの文書にまとめる。同時に、結果を今後の行動に役立てるという一連の流れで進めていくのである。

アンケートが成功するかどうかのカギは最初のステップである［計画の立案］段階にある。計画が不十分なアンケートを実施しても、品質の良いデータは集められない。品質の良くないデータはどのような統計手法を用いて解析しても、素材となるデータが悪いのであるから解析結果から導かれる結論の信頼性は低く、今後の行動指針になるようなものは得られない可能性が高くなる。

アンケートの［準備と実施］段階の具体的な内容はつぎのようになる。

① 調査票（質問文と回答文）の作成
② 予備調査
③ 調査票（質問文と回答文）の修正
④ その他の準備（調査員の教育、会場の確保など）
⑤ 本調査の実施

上記の①から④までが準備、⑤が実施に相当する。②の予備調査は調査票の完成度を高めるために行われる。時間がないことを理由にこの予備調査を実施せずに本調査を行ってしまうケースをよく見かけるが、これはアンケートが失敗に終わる大きな原因の一つになっている。アンケートに用いる質問文や回答文は最初から完全なものを作成するのは難しく、実施して初めて不備に気づくこともある。したがって、予備調査の実施は必要不可欠なプロセスであると考えるべきである。

アンケートの集計と解析の作業で注意しなければいけないのは、たとえば、ある商品の所有率を知るためにアンケートを実施したとする。アンケートのデータが集められた時点で、所有率には男女差があるかどうかを知りたくなったときに、アンケートの中で性別を聞いていなければ、その解析は不可能になる。したがって、集計や解析の方法は計画の立案段階で、すなわち、データの収集前に考えておく必要がある。

データの集計と解析は、アンケートデータを処理するための専用ソフト、統計ソフト、あるいは表計算ソフトなどを使えばよい。

1−2 アンケートの計画

■ 計画の立案

アンケートの計画を立てるとは、つぎの10項目について明確にすることである。

計画のチェックポイント

①	調査目的	−	何のために調査するのか？　結果をどう活かすのか？	□
②	調査項目	−	何を知りたいのか？　何を調べるのか？	□
③	調査対象	−	誰に質問するのか？	□
④	調査規模	−	何人に質問するのか？	□
⑤	調査時期	−	いつ実施するのか？	□
⑥	調査方法	−	どのように調査するのか？	□
⑦	解析方法	−	どのように集計し、解析するのか？	□
⑧	報告方法	−	どのように整理し、誰に報告するのか？	□
⑨	予算	−	いくらかかるか？	□
⑩	日程	−	いつまでに終了させるか？	□

これらの質問にすべて明確に答えられるならば、計画の立案は終わったと考えてよいであろう。

■ 調査目的の明確化

アンケートはその目的によって、**仮説検証型**と**現状把握型**（**意思決定型**）の２つのタイプに大別することができる。仮説検証型とは、調査を実施する者が何らかの仮説を設定し、その仮説が本当に成り立っているのかどうかをデータで確認することを目的としたアンケートである。現状把握型（意思決定型）とは、研究テーマに関する現状を調査することで、現在どのような状況にあるのか、何が起こっているのかを把握して、その結果を意思決定や仮説発想に活用することを目的としたアンケートである。

調査の目的を明確にするとは、仮説検証型ならば、検証しようとしている仮説を明確にすることであり、現状把握型ならば、調査結果をどのように活用するのかを明確にすることであると考えてよい。大学などの研究者が実施するアンケートには仮説検証型が多く、企業が実施するアンケートには現状把握型が多いようである。

ところで、仮説検証型のアンケートを行う場合、検証すべき仮説の設定にあたっては、文献調査、観察、**グループインタビュー**が役に立つ。グループインタビューとは、調査の対象者から少人数を選び、その人たちを一堂に集めて、調査担当者による司会のもとで会議形式で自由に意見を出し合ってもらう方法である。なお、ある場所に集まってもらう代わりに、インターネットを使ってグループインタビューを実施している企業もある。

■ 調査項目の決定

アンケートで知りたいことが調査項目である。アンケートにおける質問文はこの調査項目をもとに考えることになる。

仮説検証型のアンケートの場合は、検証すべき仮説にもとづいて調査項目を決めていけばよい。現状把握型のアンケートの場合には、調査担当者が集まって互いに意見を出しながら決めていくことになる。

複数ある調査項目間の関係を整理し、調査項目の全容を明らかにする方法として、**連関図**や**系統図**などの図解手法が役に立つ。

■ 調査対象の設定

調査の対象となる集団のことを**母集団**という。たとえば、東京都内の大学生が就職についてどのような考え方を持っているかを調べようとしたときには、東京都内の大学生全員が母集団となる。

母集団に属する要素（たとえば、アンケートの対象となる人）の数が無限の場合を**無限母集団**、有限の場合を**有限母集団**という。

母集団という用語にはつぎのような定義のしかたがあるので紹介しておこう。

母集団の定義：①　研究・調査の対象となるものの集まり
②　無限個の測定値の集まり
③　処置の対象となる集まり

さて、母集団の構成要素すべてを調査する方法を**全数調査**、母集団の一部を抜き取って調査する方法を**標本調査**という。**標本**とは母集団から抜き取られた集団のことである。

標本調査においては、母集団からどのような方法で標本を選べばよいかという問題が生じる。このことについては次節で解説する。

■ 調査規模の決定

標本調査を行うときには、母集団から選び出す人数を決めなければいけない。この人数は、要求精度、回収率（回答してくれる人の割合）、予算を考慮して決定される。

いま、携帯電話の所有率を知るために、「あなたは携帯電話を持っていますか？」という質問をしたとしよう。このときに「持っている」と答えた人の数を集計すれば、所有率は何%か計算することができる。ここで得られる所有率は母集団から選ばれた標本の所有率であって、母集団の所有率ではない。母集団の所有率は全員を調べたわけではないので、標本の所有率をもとに推定することになる。この際、標本という一部のデータで全体を推定しようとするので、そこには誤差がともなってくる。この誤差を最大でどの程度まで許せるかというのが、**要求精度**である。

要求精度は調査担当者が任意に（統計学とは無関係に）決めることになる。要求精度が決まれば、あとは統計的な計算によって何人選べばよいか自動的に決まってくる。具体的な計算方法は次節で解説する。

仮に統計的な計算によって100人選び出せばよいという結果が得られたとする。これは100人の回答が必要だということであるから、回収率が50%と予想されるときには、200人分の調査票を用意しておく必要がある。回収率は過去のアンケートを参考に予想することになるが、どのような調査方法を用いるかによって大体20%から70%の間で大きく変わってくる。

予算は最後に考慮する。計算で求めた人数では予算を超えてしまうときには、人数を減らすことになる。この場合、当初の要求精度は確保できなくなるので、人数を減らした結果、精度がどの程度落ちるかを見ておく必要がある。

■ 調査時期の決定

アンケートの実施時期はスケジュールの問題であるが、注意すべきは実施のタイミングである。学生の就職活動に関するアンケートを考えた場合、４月と10月では答えが変わるかもしれない。実施時期はこうした事情も考慮して決める必要がある。

■ 調査方法の決定

アンケートでデータを集めるための、代表的な調査方法を紹介する。

① 訪問面接法

調査員が調査の対象者を訪問し、インタビュー形式で質問に答えてもらう方法。

回答の記入は調査員が行う場合と回答者が自分で行う場合がある。この方法は質問の意味をその場で回答者に説明できるので、質問の意味を誤解して回答してしまうような誤答を防ぐことができる。

訪問面接法では調査員の説明のしかたを統一し、誰もが同じ説明をするように事前に教育をしておく必要がある。訪問面接法には、回収率が高い、回答の信頼性が高いという利点と、費用がかかるという欠点がある。

② 郵送調査法

調査票を対象者に郵便で送付し、記入後、対象者に返送してもらう方法。

郵送調査法では調査票を回収する人手が不要になるため、費用があまりかからないという利点がある。それに対し、回収率が低いという欠点があるが、工夫しだいでは高めることが可能と言われている。

③ 留置調査法

調査員が対象者に調査票を配布し、数日後に調査員が回収してまわる方法。

留置調査法は回答するのに時間を要するアンケートのときに有効な方法である。

④ 店頭調査法

調査員がデパートなどの店頭で対象者を見つけて、インタビュー形式で質問し、回答してもらう方法。

デパートの店頭などで交通手段を質問するような場合には、実施日の天候なども考慮しなければいけない。

⑤ 街頭調査法

適当な地域を選んで、調査員が街頭で対象者を見つけて、インタビュー形式で質問し、回答してもらう方法。

この方法はアンケートに応じてくれる人に出会うのが容易ではない。また、回答者に偏りが生じることが多い。街頭調査法を実施するときには、平日に行うか休日に行うか、午前か午後かなど、曜日と時間帯の選定にも注意する必要がある。
なお、この方法は、町の景観などに関する調査に適している。

⑥ 電話調査法

調査員が対象者に電話で質問をして、答えてもらう方法。
電話調査法では質問の数を少なくして、相手に時間を取らせないようにする必要がある。また、街頭調査法と同じように回答してくれる人を見つけるのが難しい。この方法は早く回答結果が欲しいというときに使われる。

⑦ 集合調査法

対象者をある会場に集めて、その場で質問に答えてもらう方法。
集合調査法は企業が開発した新しい商品の感想を聞く場合などに有効な方法である。集合調査法の利点は会場で一度に多数の調査票を回収できることである。一方、会場の確保や集合時間と場所の事前連絡といった準備作業に人手がいるという欠点がある。

⑧ 電子調査法

インターネットや電子メール（Ｅメール）を利用した調査方法。
インターネットによる調査方法は、**ネット調査**あるいは**ウェブ調査**と呼ばれている。この方法は、ある特定の人（たとえば、モニターとして登録した会員）だけが回答できる方式と、誰でも回答できる方式がある。
なお、インターネットで該当するホームページを見た人だけが回答することになるため、回答結果に偏りが生じる可能性を含んでいる。また、母集団をどう考えるかという問題もあり、仮説の発見には大いに利用できるが、仮説の検証に利用できるかどうかは疑問である。
電子メールによる方法は、郵送調査法の代わりに使うことになるが、メールアドレスをどのように入手するかが大きな課題となる。
電子メールにせよ、インターネットにせよ、電子調査法の利点の一つは、回答結果をパソコンに入力する作業が大幅に軽減できることである。
ちなみに、「電子調査法」という呼び方は、筆者が勝手に名づけたものであり、一般に広く用いられている呼び方ではない。

■　集計方法の決定

アンケートで収集したデータを、どのように集計あるいは解析するかは、アンケートを行う前に決めておく必要がある。

アンケートのデータを集計する方法には**単純集計**と**クロス集計**がある。単純集計とは、どの選択肢を何人が選んでいるかを質問ごとに集計していく方法で、クロス集計とは２つの質問を組み合わせて集計する方法である。

クロス集計を実施することで、２つの質問の回答のしかたにどんな関係があるのかを把握することができる。たとえば、質問１で「はい」と答える人は、質問２では「いいえ」と答える傾向があるといったことがわかる。さらに、クロス集計はデータのチェックにも役立つ方法である。たとえば、職業を聞いている質問には「学生」と答えていながら、職位を聞いている質問には「課長」と答えているといった“あり得ない組合せ”の答えをしている回答者を発見できたり、男の学生は何人いるかといった集計をすることで、“標本の構成”を確認することができる。

単純集計はすべての質問について行うことになるが、クロス集計は興味のある組合せについて行うことになる。そこで、どの質問とどの質問を組み合わせてクロス集計を行うのか、つぎのようなマトリックス図を使って整理するとよい。

表1-1　マトリックス図

	問１	問２	問３	問４	問５	問６	問７
問１	－	○	○	○	○		
問２	○	－		○			○
問３	○		－			○	
問４	○	○		－	○		○
問５	○		○		－	○	
問６			○		○	－	
問７		○		○			－

ただし、組合せの数が少ないときには、すべての組合せを行うべきである。

■ 代表的な統計手法

アンケートのデータを統計的に解析するには、統計手法の使い方を修得する必要がある。アンケートの解析に有効と思われる統計手法の代表的なものを以下に列挙しておこう。

① 比率（割合）に関する検定と推定

ある政策に賛成している人の比率が50%といえるかどうかを統計的に判断したいというような場面で使われるのが検定であり、もっと多くのデータを集めた（母集団に属する人の全員を調べたと仮定）したときに、賛成している人の比率がどのくらいになりそうかということを調べるのが推定である。

② クロス集計表（分割表）に関する検定

ある政策の賛成している人の比率が、男女で異なるかどうかを統計的に判断したいというような場面で使われる手法である。アンケートデータの解析では最も頻繁に用いられる。

③ 平均値に関する検定と推定

小学生のお小遣いの平均値がある仮説値に等しいかどうか、あるいは、お小遣いの平均値が男女で異なるかどうかを統計的に判断したいというような場面で使われる手法が平均値に関する検定であり、男女差はどの程度あるのかを調べるのが推定である。

④ 対数線形モデル

クロス集計表に関する検定を拡張した方法で、多重クロス集計表の解析に用いられる方法である。組合せ効果なども見ることができる。

⑤ 重回帰分析

子どものお小遣いの値を他の数値データで予測したいというような場面で用いられる手法で、数値データの解析では高頻度で用いられる。この手法は多変量解析と呼ばれる統計的方法の一つに属するもので、他の多変量解析の手法を理解するうえでの基本でもある。

⑥ ロジスティック回帰分析

ある商品を購入するかしないかを予測したいというような場面で用いられる手法。重回帰分析が数値データを予測する手法であるのに対して、ロジスティック回帰は数値では表現できない属性などを予測する手法である。

⑦ 判別分析

ロジスティック回帰と同様に、数値では表現できない属性のようなデータを予測するときに用いられる手法である。

⑧ 主成分分析

複数の種類の数値データを統合する手法で、たとえば、商品のデザイン、使い勝手、機能、寿命などに関する顧客の満足度が得られているときに、それらを統合して、総合満足度のような指標を作り出すことを目的とした手法である。

⑨ 因子分析

主成分分析と同様に、複数の種類の数値データが得られているときに使われる手法で、それらのデータの変動を引き起こしている共通の要因（因子）を見つけ出すときに使われる。

⑩ 数量化理論Ⅰ類

重回帰分析の特殊なケースで、数値では表現できない性別、血液型のような属性データを使って、お小遣いのような数値データを予測するときに用いられる手法である。

⑪ 数量化理論Ⅱ類

判別分析の特殊なケースで、数値ではないデータを使って、やはり数値ではないデータを予測するときに用いられる手法である。

⑫ 数量化理論Ⅲ類（コレスポンデンス分析）

分割表（クロス集計表）に整理されたデータをグラフで視覚化するときに有効な手法である。この手法は、複数回答の解析、回答のすべてが数値でないときのデータの解析などにも使うことができるので、アンケートの解析に非常に有効である。

⑬ 数量化理論Ⅳ類

商品同士、あるいは、人物同士の似ている程度（類似度、親近度と呼ばれる）をもとに、似たもの同士は近くに、似ていないものは遠くに位置するようなグラフを作りたいというときに用いられる。地図から距離表を作るのではなく、距離表から地図を作り出すという考え方の手法である。

⑭ 決定木解析（自動交互作用検出）

重回帰分析や判別分析と同様に、あるデータの値や属性を予測するときに用いる手法である。解析結果がフローチャートのような樹木型の形で示されるところと、組合せ効果を発見できるところに特徴がある。

⑮ 多次元尺度構成法

数量化Ⅳ類と同じで、類似度をもとに商品や人物の布置図を作り出す手法である。

■ 報告書の内容

報告書はつぎに示すような３つのパートと項目で構成するとよいだろう。

Ⅰ．調査の概要

Ⅰ－１　テーマ
Ⅰ－２　調査目的
Ⅰ－３　調査項目
Ⅰ－４　調査対象と標本の抽出方法
Ⅰ－５　調査方法
Ⅰ－６　実施期間
Ⅰ－７　回答者数と回収率
Ⅰ－８　標本の構成（回答者の内訳）

Ⅱ．調査の結果

Ⅱ－１　質問文・単純集計結果のグラフ・説明・考察・結論
Ⅱ－２　質問文・クロス集計結果のグラフ・説明・考察・結論
Ⅱ－３　統計的解析の結果・説明・考察・結論
Ⅱ－４　まとめ

Ⅲ．資料

Ⅲ－１　調査票（質問用紙）
Ⅲ－２　データ一覧表
Ⅲ－３　単純集計表
Ⅲ－４　クロス集計表
Ⅲ－５　統計的解析の計算結果

■ 予算

アンケートに必要となる予算は、アンケートの実施を外注するか自分たちで行うかで大きく異なる。つぎの表（○は自分たちで行う、●は外注）のようなパターンが考えられるであろう。

表1-2　作業工程と分担

パターン	設計	実施	入力	集計	解析	文書化	活用
1	○	○	○	○	○	○	○
2	●	●	●	●	●	●	○
3	○	●	●	●	●	○	○
4	○	●	●	●	○	○	○
5	○	●	●	○	○	○	○

●の数が多いパターンほど費用が多くかかるが、パターン１のようにすべてを自分たちで行うのは、時間や品質を考慮すると負担増になってしまう。

さて、予算計画を立てる際に忘れがちな費用として、謝礼にかかる費用がある。アンケートの回答者に謝礼を出すのは当然のマナーである。抽選によって懸賞品を提供するアンケートもあるが、謝礼の代わりに提供するのであれば、何の懸賞品も提供されない回答者が出るようなことは避けるほうがよいだろう。本来、謝礼と懸賞は分けて考えるべきことである。

ちなみに、高額な懸賞品を設けると、回収率は上がるが、懸賞品の提供者に好意的な回答が多くなってしまう。高額な懸賞品を設けるようなアンケートは集計や解析に力点を置くのではなく、回答者のデータベース作りを目的にしたほうが無難であろう。

§2 標本調査法

2−1 母集団と標本

例題 1-1

　ある会社内でアンケートを実施しようと考えている。ただし、全社員は調査できないものとする。このアンケートの中で最も興味ある質問は「フレックス制度の導入に賛成か反対か」を問うもので、全社員における賛成の比率を推定したい。
　全社員数が 2000 人であるとして、推定の信頼率を 95%、目標精度を５%とすると、何人の社員を調査すればよいか。

■ 母集団の大きさと標本の大きさ

　アンケートにおいて調査の対象となる集団のことを**母集団**と呼び、母集団に属する人すべてを調査する方法を**全数調査**、母集団から一部の人を選んで調査する方法を**標本調査**という。母集団から選ばれた人の集まりを**標本**と呼ぶ。
　母集団に属する人の数を**母集団の大きさ**といい、N で表すのが慣例である。N が無限の場合を**無限母集団**、N が有限の場合を**有限母集団**という。
　標本として選ばれた人の数は**標本の大きさ（サンプルサイズ）**といい、n で表すのが慣例である。

■ 標本の大きさの決め方

　標本調査において、母集団から選び出す人数（標本の大きさ）を統計的に決めるための理論は、２つの異なる立場で構築されている。

① 母数（母集団の平均値や比率のこと）の推定精度を確保する
② 検出力（問題としている差異を検出する確率）を確保する

①は**区間推定**と呼ばれる統計手法を理論的背景にしており、②は**仮説検定**と呼ばれる統計手法を理論的背景にしている。新薬の臨床試験や科学的実験の場では、何人の被験者を必要とするか、何回の実験を必要とするかを②の検出力を確保するという立場で決めることが多く、アンケートなどの調査研究の場では、①の母数の推定精度を確保するという立場で標本の大きさを決めることが多い。

ここでは、①の考え方による方法を具体的に示そう。

手順１　目標精度 e の決定

目標精度とは許容できる最大誤差である。これはアンケートを企画する側が自由に決める。自由に決めるとはいえ、相対精度として10％前後を目安にするとよいだろう。たとえば、賛成の比率が30％と予想されるならば、３％前後とする。

手順２　信頼率 α の決定

統計的な慣習として、95％とすることが多い。その他には90％、99％もよく使われる。

手順３　母比率（母集団における賛成する人の比率）**π の予測**

文献調査の結果や予備調査の結果、あるいは、過去の同種のアンケート結果をもとに π を予測する。予測できないときには π は50％（0.5）とする。π を0.5とすると最も安全な（最も大きな）標本の大きさが得られる。

手順４　計算

必要な標本の大きさを n 、母集団の大きさを N、目標精度を e、予想される母集団の比率を π とする。

(1) 有限母集団の場合

$$n \geqq \frac{N}{\left(\frac{e}{k}\right)^2 \frac{N-1}{\pi(1-\pi)} + 1}$$

ここで、k は信頼率を決めると自動的に決まる定数で、信頼率に対応する標準正規分布の％点である。

信頼率を a とすると、つぎのようになる。

$$a = 0.95 \quad \text{ならば} \quad k = 1.96$$
$$a = 0.90 \quad \text{ならば} \quad k = 1.65$$
$$a = 0.99 \quad \text{ならば} \quad k = 2.58$$

(2) 無限母集団の場合

$$n \geqq \left(\frac{k}{e}\right)^2 \pi (1 - \pi)$$

■ 計算

本例題では母集団の比率（賛成率）は予測不可能と考えて、50%として計算する。
$N = 2000$、$e = 0.05$、$\pi = 0.5$、$a = 0.95$（したがって、$k = 1.96$）より、

$$n \geqq \frac{2000}{\left(\frac{0.05}{1.96}\right)^2 \frac{2000 - 1}{0.5(1 - 0.5)} + 1} = \frac{2000}{0.000651 \times \frac{1999}{0.25} + 1}$$
$$= 322.3955 \rightarrow 323$$

323人以上の社員を調べる必要がある。

例題 1-2

例題1－1において、全社員の人数が4000人であるとした場合、必要な標本の大きさはいくつになるか計算せよ。

$$n \geqq \frac{4000}{\left(\frac{0.05}{1.96}\right)^2 \frac{4000-1}{0.5(1-0.5)}+1} = \frac{4000}{0.000651 \times \frac{3999}{0.25}+1}$$

$$= 350.5781 \rightarrow 351$$

351人以上の社員を調べる必要がある。

母集団の大きさが2000の場合と4000の場合を比較すると、

母集団の大きさ　$N = 2000$　→　標本の大きさ　$n = 323$

母集団の大きさ　$N = 4000$　→　標本の大きさ　$n = 351$

となり、母集団の大きさが２倍になったからといって、標本の大きさを２倍にする必要はないことがわかる。

■ 母平均の場合の計算

例題１－１は母集団における賛成の比率を推定したいという状況であったが、実数で示される項目の平均値を推定することに興味がある場合には、つぎの計算式を使って、標本の大きさを求める。

(1) 有限母集団の場合

$$n \geqq \frac{N}{\left(\frac{e}{k}\right)^2 \frac{N-1}{\sigma^2}+1}$$

(2) 無限母集団の場合

$$n \geqq \left(\frac{k}{e}\right)^2 \sigma^2$$

ここで、σ とは調査する項目の母集団における標準偏差である（σ を母標準偏差、σ^2を母分散と呼ぶ)。また、e は目標精度で母集団の平均値を推定する際に許容できる誤差である。

σ の値は文献調査の結果や予備調査の結果、あるいは、過去の同種のアンケート結果をもとに推定することになる。

2−2　サンプリング

例題 1-3

100 人の学生の氏名が登録されている学生名簿があるものとする。学生名簿の中では学生番号が 1 番から 100 番まで各学生に割り付けられている。

この 100 人の中から 20 人を無作為に選び出せ。

■ 標本の選び方

母集団から一部の人を選んで調査する標本調査では、どのような方法で一部の人を選ぶかという問題が生じる。一部の人のデータをもとに母集団全体の議論をしようとするのであるから、選ばれた人たちは母集団を代表している必要がある。

母集団から標本を選ぶ行為を**サンプリング**といい、その方法には**無作為抽出法**と**有意抽出法**がある。

無作為抽出法というのは、乱数やくじを使って標本を選ぶ方法である。乱数やくじを使うことで標本を選ぶ人の意思が入らなくなり、アンケートを実施する側にとって都合のよい人たちが集まることは避けられる。また、一部の人たちのデータから母集団全体を推定することで生まれる誤差がどの程度の大きさになるか統計的な計算によって見積もることができる。

有意抽出法というのは、母集団を代表すると思われるような標本を意識的に選んだり、調査担当者の知人を標本に選ぶというような方法である。

有意抽出法のほうが無作為抽出法よりも労力はかからない。しかし、有意抽出法は標本が母集団を代表しているという保証がなく、推定の誤差も評価できない。

したがって、原則として無作為抽出法を使うべきである。

■ 無作為抽出法

無作為抽出法の中にもいくつかの方法があるので紹介していこう。

① 単純無作為抽出

母集団の名簿を用意して、名簿に通し番号をふり、くじ引きの要領でその中から必要な数だけ標本として抽出する方法。

パソコンの乱数を使うならば、母集団の大きさをNとして、N以下の数値が生成される乱数を標本の大きさの数（n個）だけ発生させる。発生した乱数の値と一致した通し番号の人を標本として選ぶ。

② 系統抽出

母集団の名簿から開始番号を無作為に決めて、あとは一定の抽出間隔で標本を選ぶ方法。抽出間隔は

（母集団の大きさN）÷（標本の大きさn）

で求める。

たとえば、9000人から1000人を選ぶ場合、抽出間隔は

$$9000 \div 1000 = 9$$

となる。開始番号は抽出間隔である9以下の乱数を発生させて決める。

③ 層化抽出

あらかじめ母集団をグループ分け（層化）して、各グループ（層）から無作為に標本を選ぶ方法。グループ分けは、たとえば、男と女に分ける、職業で分けるというように、同じグループには同質の人が集まるようにする。

④ 多段抽出

母集団からの抽出を何段階かに分けて行う方法。たとえば、全国規模のアンケートを考えたときに、最初に都道府県を無作為に選び、つぎに選ばれた都道府県ごとに市町村を無作為に選び、最後に市町村の中から人を選ぶというように行う。

⑤ 集落抽出

あらかじめ母集団をグループ分けしておいて、グループを無作為に選ぶ方法。

選ばれたグループは全員を調査するのが集落抽出の特徴である。なお、グループ分けは層化抽出と異なり、グループ内が同質になるようにするのではなく、各グループが似たものになるようにする。

§3 調査票の作成

3−1 質問文

■ 質問文の作成

アンケートにおける質問文は回答者にとって明確でわかりやすい文章になるように、言いまわし（ワーディング；wording）に気をつけなければいけない。

質問文を考えるときのチェックポイントはつぎの通りである。

質問文のチェックポイント

① 非礼な語句を使っていないか？	□
② １つの質問文に２つ以上の論点を含んでいないか？	□
③ 個人的質問と一般的質問を混同していないか？	□
④ 難しい表現はないか？	□
⑤ あいまいな表現はないか？	□
⑥ まぎらわしい表現になっていないか？	□
⑦ 特定の価値観を含んだ言葉はないか？	□
⑧ 誘導質問になっていないか？	□
⑨ 平等に扱っているか？	□
⑩ 質問文の順番に問題はないか？	□

１つの質問文に２つ以上の論点が含まれている質問を**ダブルバーレル質問**という。２つ以上の論点が含まれると、回答者はどちらの論点に着目するかを勝手に判断してしまうので、回答結果の信頼性が低くなる。

特定の価値観を含んだ言葉のことを**ステレオタイプの言葉**ともいう。ステレオタイプとは一般に広められているイメージのことで、ステレオタイプの言葉を含んだ質問では、その言葉から受けるイメージで回答してしまう危険性が生じる。

個々の質問文をチェックするだけでなく、質問文の並べ方もチェックする必要がある。簡単に答えられる質問から難しい質問へと並べるのが一般的である。また、同じ話題の質問は連続するように並べたほうが回答者は答えやすい。

質問の順序で注意すべきことは、前の質問が後の質問の回答に影響を与えることである。このような影響を**キャリーオーバー効果**と呼んでいる。

例題 1-4

つぎの質問文の問題点を指摘せよ。

（質問１）当ホテルの宿泊設備やフロントの対応はつぎのどちらですか？

１）良い　　２）悪い

（質問２）あなたはきちんと朝食をとりますか、とりませんか？

１）とる　　２）とらない

（質問３）健康診断は病気の予防に役立たないと

１）思う　　２）思わない

（質問４）社内のスポーツ大会を開催することには

１）賛成　　２）反対

（質問５）報道機関に対する政府の言論管理は

１）必要　　２）不要

（質問６）勤務中の禁煙推進活動に賛成ですか？

１）はい　　２）いいえ

■ 解説

（質問１）は「宿泊設備やフロントの対応」という部分が『１つの質問文に２つ以上の論点を含んでいる』文章になっている。この質問文では宿泊設備は良いと思っているが、フロントの対応は悪いと思っている人はどのように回答すればよいかわからない。つぎのように、２つの質問文に分けるべきである。

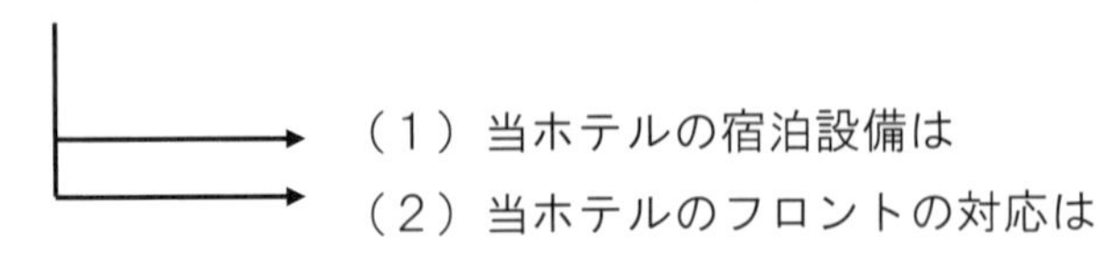

（質問２）は「きちんと」という部分が『あいまいな表現』になっている。「きちんと朝食をとる」ということが「毎日とる」ということを意味しているのか、「時間をかけてとる」ということを意味しているのかはっきりしない。

（質問３）は「役立たない」という部分が『まぎらわしい表現』になっている。この質問文では役立つと思っている人は「思わない」を選択することになるが、誤って「思う」を選択しやすい。質問文に否定文を使うのは避けたほうがよい。

（質問４）は『個人的質問なのか一般的質問なのか』が不明確である。開催には賛成するが、自分は参加しないという意見の持ち主もいるはずである。つぎのような、個人的質問であることが明確な質問を追加したほうがよい。

あなたは社内のスポーツ大会に参加しますか、しませんか？
１）参加する　　２）参加しない

（質問５）は「言論管理」という言葉は良いイメージを持たない。この言葉がステレオタイプになっている。質問文全体を考えずに、この言葉を見ただけで否定的な回答（不要）を選択する人が多くなる可能性がある。

（質問６）は「賛成ですか」という部分が厳密には『平等に扱っている』とはいえない例にあたる。つぎのように修正するほうがよい。

勤務中の禁煙推進活動に賛成ですか？
1）はい　　2）いいえ

勤務中の禁煙推進活動に賛成ですか、反対ですか？
1）賛成　　2）反対

なお、禁煙推進活動のように社会的に反対しにくい雰囲気にある質問の場合には、「反対」という答えは少なくなりやすい。同様に、社会的に「悪い」ことが明確なものには、本音としては悪いと思っていない場合でも、そのことを肯定するような回答は少なくなる。

以上の他に、つぎのような質問もよくない例である。

（例）　あなたはよく外食をしますか？

「よく」というのが『あいまいな表現』になっている。週に何回を「よく」と考えるかは、人によって変わってしまう。

（例）　あなたはプロ野球の観戦が好きですか？

これは「好き」と「嫌い」を平等に扱っていないことになる。

3−2 回答の形式

■ 答え方

質問に対する答え方には

- **記入回答形式**
- **選択回答形式**
- **順位回答形式**

の３つの形式がある。

記入回答形式は単語、文章、数値を自由に記入してもらう方法で、選択回答形式は事前に用意された答えの候補の中から該当するものを選んでもらう方法である。

ここで簡単な例を紹介しよう。

「あなたの年齢を答えてください」という質問に対する回答形式として、つぎのAとBの２通りの答え方が考えられる。

Ａ：　（　　　）歳
Ｂ：　1．20歳未満　　2．20歳～29歳　　3．30歳～39歳　　4．40歳以上

Aは（　）の中に年齢を記入してもらう形式で、Bは４つの選択肢の中から１つを選んでもらう形式である。Aが記入回答形式、Bが選択回答形式である。

選択回答形式における選択肢の一つひとつを**カテゴリ**と呼ぶ。また、回答を複数のカテゴリに分けて、各カテゴリに**コード**（記号）を割り付ける作業を**コーディング**（coding）と呼んでいる。

コーディングには**プリコーディング**と**アフターコーディング**がある。プリコーディングとは回答者に調査票を提示する前にコーディングを行うことで、アフターコーディングとは回答が得られてからコーディングを行うことである。選択回答形式の場合はプリコーディング、記入回答形式の場合はアフターコーディングになる。

■ 記入回答形式

記入回答形式の典型的な例をつぎに示そう。

① あなたのご意見をお聞かせください。（　　　　　　　　　　　　　　）
② あなたの好きな色をお答えください。（　　）色
③ あなたの通勤時間をお答えください。（　　）分

①は文章、②は単語、③は数値を記入してもらう形式である。①は自由回答形式、自由記述式形式などとも呼ばれている。

単語や数値で得られたデータは集計や統計的解析が比較的容易であるが、文章の場合にはかなり面倒である。

文章で得られたデータを処理する方法としては、**ＫＪ法**を利用してデータを要約していく方法と、どのような言葉がどのくらいの頻度で登場するかといった集計をする**テキストマイニング**と呼ばれる方法がある。

■ 選択回答形式

選択回答形式にはつぎの２種類がある。

① **単一回答**；選択肢の中から１つだけ選ぶ
② **複数回答**；選択肢の中から２つ以上選べる

単一回答には２つの選択肢の中から１つを選ぶ二項選択と、３つ以上の選択肢の中から１つを選ぶ多項選択がある。

複数回答にはいくつでも選択できる無制限複数回答と、選択する数に制限をつける制限付き複数回答がある。

■ 順位回答形式

順位回答形式にはつぎの２種類がある。

① **完全順位付け**；すべての対象（選択肢）に順位をつける
② **部分順位付け**；上位３つまでというように部分的に順位をつける

■ 選択回答形式の注意事項

選択回答形式の場合のチェックポイントはつぎの２点である。

回答文のチェックポイント

① 選択肢のレベルは合っているか	□
② 選択肢はすべて出し尽くしているか	□

選択肢のレベルが合っていない例を紹介しよう。

（質問）むし歯の治療を受ける前、どれくらい強い痛みを感じていましたか？
　　　　つぎの中から該当するものに１つだけ○をつけてください。

（回答）１．我慢できないほどの強烈な痛みだった
　　　　２．我慢できる程度の痛みだった
　　　　３．痛むときと痛まないときがあった
　　　　４．痛みはほとんどなかった

１、２、４が痛みの「程度」を表現しているのに対して、３は痛みの「頻度」を表現していて、他の３つの選択肢とレベルが合っていないことがわかる。このままでは、１日のうちで我慢できないほどの強烈な痛みがあるときと、ほとんど痛みがないときがある人は、１と３の２つが該当してしまう。

この例のように選択肢のレベルが合っていないと、１つだけ選ばせるような回答形式であっても、複数を選ばざるを得なくなり回答者に混乱を与えてしまう。

さて、選択回答形式において、すべての選択肢をもれなく出すことは、血液型のように４通りしかないというような場合を除くと非常に難しい。そこで、このための対応策として選択肢の１つに「その他」を設けるようにするとよい。

■ 順序のある選択肢

単一回答の多項選択には、選択肢に順序関係がある場合とない場合がある。たとえば、つぎの質問文と回答の選択肢を見てみよう。

（質問１）当ホテルのサービスに対する満足度はつぎのどれですか？

１．不満　　２．やや不満　　３．やや満足　　４．満足

（質問２）あなたの血液型はつぎのどれですか？

１．Ａ　　２．Ｂ　　３．ＡＢ　　４．Ｏ

（質問１）の選択肢には数値が大きいほど満足度が高いという順序関係があるのに対して、（質問２）の選択肢には順序関係はない。

選択肢に順序関係を持たせるには、「非常に」「やや」「どちらかといえば」などの語句を加えて格付けする方法がよく用いられる。語句の使い方の例をつぎに示す。

（例１）４段階

１．非常に不満
２．不満
３．満足
４．非常に満足

（例２）４段階

１．不満
２．やや不満
３．やや満足
４．満足

一般には、「非常に」「十分に」「まったく」などの強い修飾語を用いると、その選択肢は選ばれにくいという傾向がある。

さて、順序関係を持たせた選択肢を考える場合、何段階に分けるかという問題が生じてくる。先の例は４段階であったが、一般には５段階から７段階がよく使われている。段階数を奇数（５段階、７段階）にすると、「どちらともいえない」という中間回答（中間の選択肢）が存在する。５段階、６段階、７段階の例を示そう。

（例３－１） ５段階

１．不満
２．やや不満
３．どちらともいえない
４．やや満足
５．満足

（例３－２） ５段階

１．非常に不満
２．不満
３．どちらともいえない
４．満足
５．非常に満足

（例４－１） ６段階

１．不満
２．やや不満
３．どちらかといえば不満
４．どちらかといえば満足
５．やや満足
６．満足

（例４－２） ６段階

１．非常に不満
２．不満
３．やや不満
４．やや満足
５．満足
６．非常に満足

（例５） ７段階

１．非常に不満
２．不満
３．やや不満
４．どちらともいえない
５．やや満足
６．満足
７．非常に満足

何段階にすべきかは一概にはいえないが、４段階から７段階のどれかが適当であろう。ちなみに５段階と７段階では中間回答に答えが集まりやすい傾向がある。７段階よりも５段階のほうがその傾向が起こりやすいようである。

■ SD法

印象や感性を問うような質問のときによく用いられる方法にＳＤ法と呼ばれる方法がある。ＳＤ法は互いに反対の意味を持つ形容詞対を使って点数付けする方法である。たとえば、ある絵画を見て、暖かい感じがするか、冷たい感じがするかを聞く場合、暖かいという語句と、その反対語である冷たいという語句を両端において、どちらの感じを強く受けるか質問するのである。

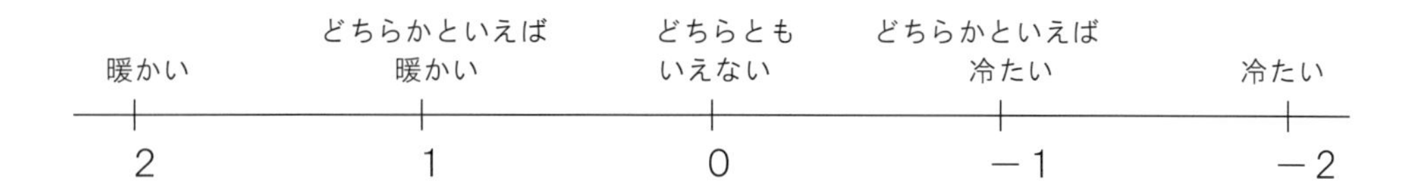

実際のアンケートでは、暖かいか冷たいかの１つのことだけを聞くことはほとんどないので、つぎのように配置して、複数の項目を質問することが多い。

	非常に		中間		非常に	
暖かい	2	1	0	−1	−2	冷たい
男性的	2	1	0	−1	−2	女性的
古い	2	1	0	−1	−2	新しい
派手な	2	1	0	−1	−2	地味な

（注）ＳＤ法＝Semantic Differential法＝意味微分法

第2章 アンケートのデータ

§1　データの種類と処理

§2　データの入力

§1　データの種類と処理

1−1　測定の尺度

■ 質問例

アンケートの質問例を以下に示し、この例にもとづいてアンケートで得られるデータの種類について解説しよう。

（質問１）血液型をお答えください。

１．A
２．B
３．AB
４．O

（質問２）この商品に対する満足度をお答えください。

１．不満
２．やや不満
３．どちらともいえない
４．やや満足
５．満足

（質問３）あなたの年齢をお答えください。

（　　　）歳

■ カテゴリデータと数量データ

上記の質問に対する答えのデータは、どの質問の場合も数字で表現されるが、データの性質は同じではない。

データは性質によってつぎの２つに大別される。

① **カテゴリデータ**

② **数量データ**

（質問１）と（質問２）のように、複数の選択肢の中から１つを選んで回答するような質問によって得られるデータがカテゴリデータで、カテゴリカルデータとも呼ばれる。（質問３）の答えは数量として得られ、このようなデータは数量データと呼ばれる。

カテゴリデータはさらに**名義尺度**と**順序尺度**のデータに分けられる。また、数量データもさらに**間隔尺度**と**比例尺度**のデータに分けられる。

■ 名義尺度

質問１で得られる数字のデータは加減乗除の対象となるデータではなく、血液型の違いを区別するためだけに付けられたデータである。このように識別する目的で割り付けられた数字のデータを名義尺度のデータという。

名義尺度の特徴は数字の付け方が一意でないことである。質問１において、Ｂ型を１としてもかまわない。

■ 順序尺度

質問２で得られる数字のデータは順序としての意味がある。１から５へと満足度は上がっていくようになっている。このように数字に順序としての意味があるようなデータを順序尺度のデータという。

順序尺度の特徴は数字に順序の意味があるだけで、等間隔であることは保証していないことである。たとえば、満足とやや満足の差が、やや不満と不満の差に等しいことは保証していない。

$$5 - 4 \neq 2 - 1$$

満足　やや満足　やや不満　不満

■ 間隔尺度

質問３で得られる数字は年齢であるから数字というよりも数値というべきであろう。このデータは順序としての意味があり、しかも数字間の差に等間隔性がある。このようなデータを間隔尺度のデータという。

■ 比例尺度

間隔尺度の中で、比を計算することにも意味があるデータを比例尺度のデータという。たとえば、長さを表すデータと温度を表すデータを比較してみよう。４ｍの長さは２ｍの長さの２倍であるという言い方ができる。しかし、摂氏４度の気温は２度の気温の２倍の暑さであるという言い方はできない。したがって、長さは比例尺度のデータであるが、温度は比例尺度ではなく間隔尺度のデータである。

間隔尺度と比例尺度の区別はデータを統計的に処理する上で重要ではない。

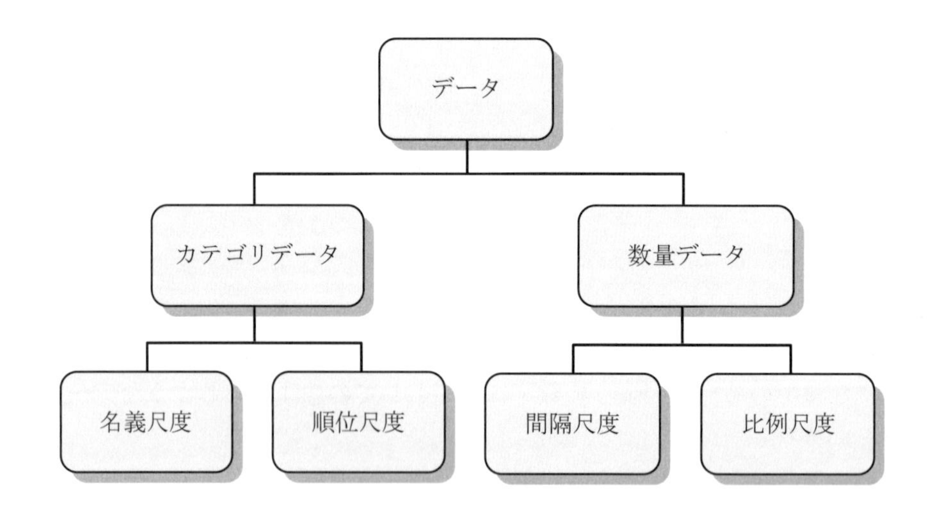

■ もうひとつのデータの分け方

データを**言語データ**と**数値データ**に分けるという考え方もある。

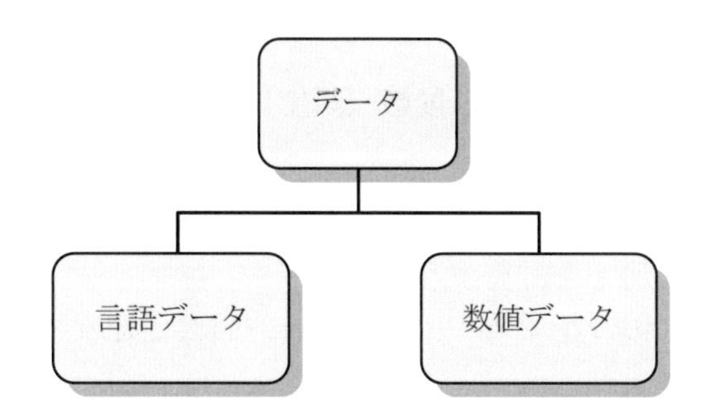

数値データは先の数量データと同じ意味であると考えてよい。

言語データとは、数値では表現できない意見などのデータである。１つの形式に決まらないので、非定型である。

数値データは背景にある確率分布にもとづいて、次のように分けられる。

① **計量値**
② **計数値**
③ **順位値**

計量値は、寸法、時間、重量などのデータで、「測って得る」データである。小数点以下のデータも存在し、測るのに使う測定器具の精度によっては何桁まででも測定できるデータである。この種のデータには正規分布が仮定されることが多い。

計数値は、合格者の人数や不良品の個数のように、１つ２つと「数えて得る」データである。小数点以下のデータは存在しない。計数値の分布としては、二項分布やポアソアン分布がある。

順位値は、１位、２位、３位というような「比べて得る」データで、計数値と同様に、小数点以下のデータは原則として存在しない。

1−2　データ処理の基本

■ カテゴリデータのまとめ方

名義尺度のデータは、カテゴリごとの**度数**（頻度）の集計と比率の計算がデータ処理の基本となる。

質問１のケースならば、血液型がA型、B型、AB型、O型の人がそれぞれ何人いたか（度数）を集計し、それぞれの比率を計算する。

度数は棒グラフを使って視覚化する。比率は度数と同様に棒グラフ、あるいは円グラフや帯グラフを使って視覚化するとよい。

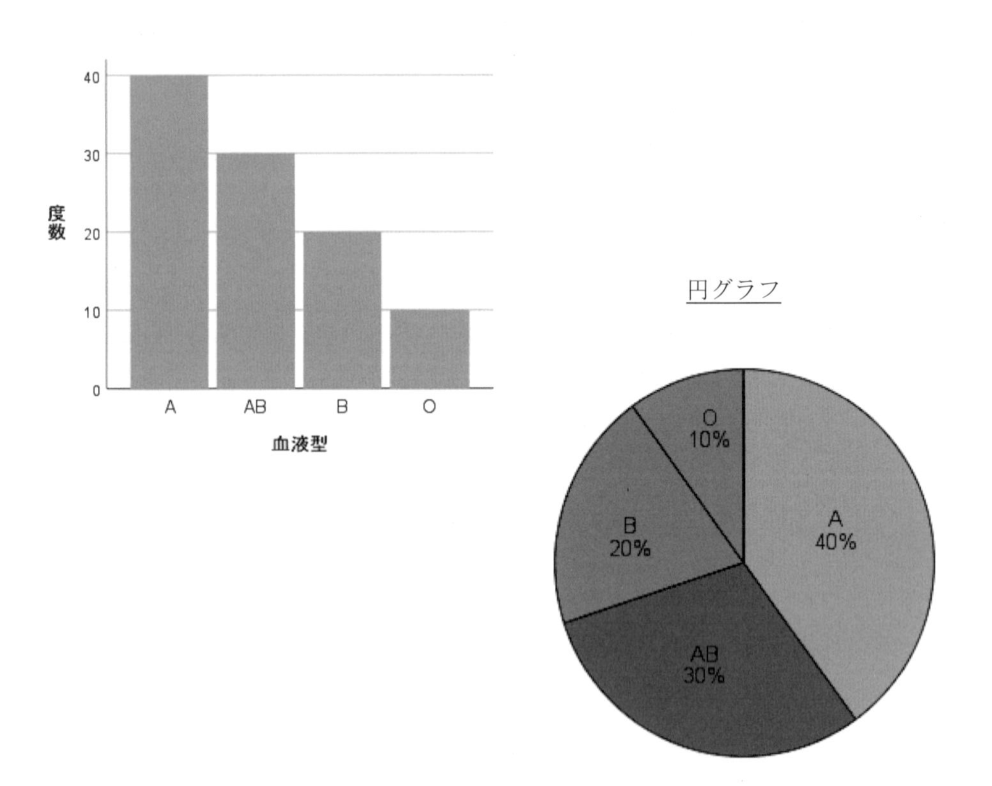

順序尺度のデータも、名義尺度と同じように、カテゴリごとの度数の集計と比率の計算がデータ処理の基本となる。たとえば、質問２のケースならば、満足度が１、２、３、４、５の人がそれぞれ何人いたかを集計して、それぞれの比率を計算する。

グラフによる視覚化には、度数も比率も棒グラフを利用する。順序尺度の場合、円グラフは不向きである。

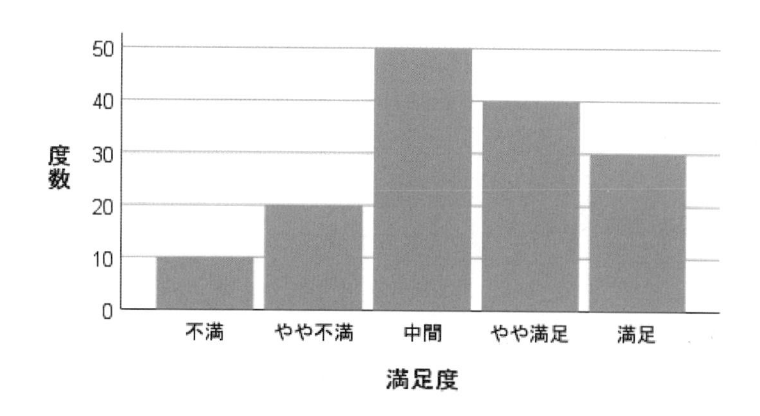

■ 数量データのまとめ方

数量データは、区間分けしてから、各区間ごとの度数を集計する。平均値、中央値、標準偏差などの統計量を計算することがデータ処理の基本となる。

質問３のケースならば、この質問によって得られるデータは年齢のデータであるから、たとえば、

20歳未満、　20～24歳、　25～29歳、　30～34歳、　35～39歳、　40歳以上

というように区間分けする。そして、各区間のデータがそれぞれ何個あるかを集計する。集計結果のグラフ表現にはヒストグラムを用いるとよい。

さらに、平均値、中央値、標準偏差などを計算する。平均値と中央値によって回答者の年齢の中心位置が把握でき、標準偏差によって回答者の年齢がどの程度ばらついているかを把握することができる。

§2 データの入力

2−1 単一回答の入力

■ 質問例

質問例を以下に示し、ＳＰＳＳのデータ入力について解説しよう。

（質問１）性別をお答えください。

１．男　　２．女

（質問２）血液型をお答えください。

１．Ａ　　２．Ｂ　　３．ＡＢ　　４．Ｏ

（質問３）最も好きな色をお答えください。

（　　　）色

（質問４）あなたの年齢をお答えください。

（　　　）歳

（質問５）この商品を最初に知ったのはつぎのどれですか。

１．テレビのコマーシャル　　４．店頭
２．ラジオのコマーシャル　　５．知人の紹介
３．新聞の広告　　６．その他　（　　　）

（質問６）この商品に対する満足度をお答えください。

１．非常に不満　　４．やや満足
２．不満　　５．満足
３．やや不満　　６．非常に満足

■ データ入力の方針

（1）質問１・質問２・質問６について

選択回答形式の質問であるから、選択された数字をそのまま入力すればよい。

ところで、質問１と質問２はつぎのような回答形式を作ることも可能である。

（質問１）　性別をお答えください。　（　　）

（質問２）　血液型をお答えください。　（　　）

質問１の場合は男か女の２通り、質問２の場合はＡ、Ｂ、ＡＢ、Ｏの４通りの答えしかあり得ない。このように答えのパターンが事前にわかっている場合には、入力する前にコード化しておいて、数字（コード番号）を入力するほうが入力作業の効率がよい。

なお、二項選択の場合は、すべての質問が二項選択のときは、１と２でコード化せずに、０と１でコード化するほうが多変量解析を行うときに便利である。

（2）質問３について

質問３は回答にどのような色が出てくるかを事前に予測できない。事前に何通りの答えが出現するかわからない場合には、答えそのものを入力して、コード化は入力後に必要になった時点で行うほうがよい。

（3）質問４について

質問４は数量が得られる回答形式である。この場合には、答えの数値をそのまま入力すればよい。事前に区間分けしておいてコード化する方法もあるが、データを処理するときのことを考えると、区間分けは入力後に必要になった時点で行えばよい。

（4）質問５について

質問５は質問１、２、６と同じように選択された数字をそのまま入力すればよい。

ただし、「６．その他」のときには（　）内に何らかの語句が記入されていることになるが、最初の入力ではそれを無視して、数字の６だけを入力しておく。あとで必要に応じて具体的な語句を入力すればよいだろう。なお、「その他」を選んだ人すべてが（　）内に何かを記入してくれているとは限らない。

（5）無回答について

すべての質問に答えを記入していない人は論外として、ある一部の質問にだけ答えを記入していないという人が出てくることがある。

これにはつぎのような3つの理由が考えられる。

① 記入忘れ（答えの書き忘れ）
② 回答不能（答えがわからない）
③ 回答拒否（答えたくない）

どの理由によるのかを回収された調査票から判断するのは不可能である。したがって、調査する側が勝手に答えを予測して記入することは避けなければいけない。

また、「その他」や「どちらともいえない」に分類するという処置も不適切である。

回答が記入されていないケースを処理するには、データの入力段階で新たに「無回答」という選択肢を追加し、それに適当な番号を割り付けて、その数字を入力すればよい。

たとえば、質問5の場合ならば、「7．無回答」という選択肢があったものとして、答えが不明な人のときには7とする。あるいは、どの質問でも無回答の番号が同じになるように大きな数字を付けて、「99.無回答」などとしてもよい。また、何も入力しないで空欄にしておくという方法もある。特に質問4のように数量を問う質問の場合には、空欄にしておくほうがよい。

無回答が何人いたかという情報は重要なので、データの集計結果には無回答の人数を明示するほうがよい。

なお、統計的な方法を用いた解析を行うときには、無回答は欠測値として処理される。

■ ＳＰＳＳのデータ入力

ＳＰＳＳでは〔データビュー〕と呼ばれるデータシートにデータを入力する。

そのとき、列が質問項目に、行が回答者に対応するように入力する。各列を**変数**と呼び、各行は**ケース**と呼ばれる。

つぎのようなイメージでＳＰＳＳに回答を入力する。

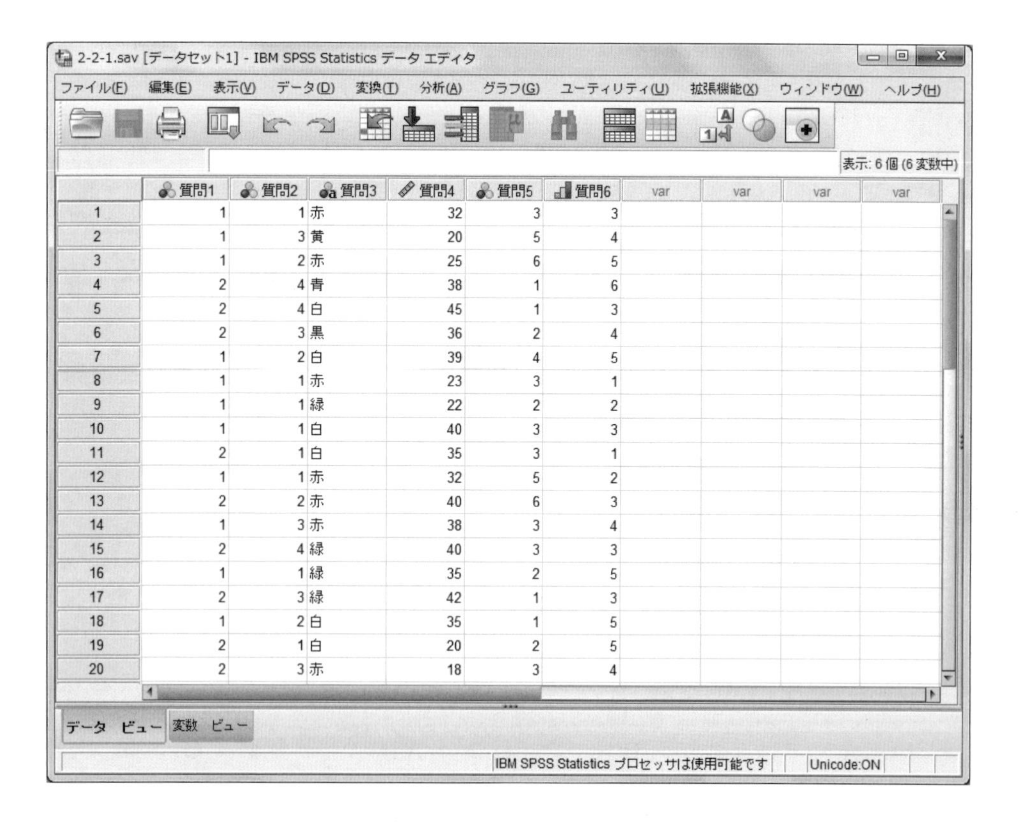

2-2-1.sav [データセット1] - IBM SPSS Statistics データ エディタ

ファイル(F) 編集(E) 表示(V) データ(D) 変換(T) 分析(A) グラフ(G) ユーティリティ(U) 拡張機能(X) ウィンドウ(W) ヘルプ(H)

表示: 6 個 (6 変数中)

	質問1	質問2	質問3	質問4	質問5	質問6	var	var	var	var
1	1	1	赤	32	3	3				
2	1	3	黄	20	5	4				
3	1	2	赤	25	6	5				
4	2	4	青	38	1	6				
5	2	4	白	45	1	3				
6	2	3	黒	36	2	4				
7	1	2	白	39	4	5				
8	1	1	赤	23	3	1				
9	1	1	緑	22	2	2				
10	1	1	白	40	3	3				
11	2	1	白	35	3	1				
12	1	1	赤	32	5	2				
13	2	2	赤	40	6	3				
14	1	3	赤	38	3	4				
15	2	4	緑	40	3	3				
16	1	1	緑	35	2	5				
17	2	3	緑	42	1	3				
18	1	2	白	35	1	5				
19	2	1	白	20	2	5				
20	2	3	赤	18	3	4				

データ ビュー　変数 ビュー

IBM SPSS Statistics プロセッサは使用可能です　Unicode:ON

■ 変数ビュー

変数の名前（質問１など）や表示形式は〔**変数ビュー**〕というシート上で設定することになる。

	名前	型	幅	小数桁数	ラベル	値	欠損値	列	配置	尺度	役割
1	質問1	数値	12	0		なし	なし	8	右	名義	入力
2	質問2	数値	12	0		なし	なし	7	右	名義	入力
3	質問3	文字列	3	0		なし	なし	7	左	名義	入力
4	質問4	数値	12	0		なし	なし	7	右	スケール	入力
5	質問5	数値	12	0		なし	なし	7	右	名義	入力
6	質問6	数値	12	0		なし	なし	7	右	順序	入力

「質問１」「質問２」「質問５」は〔**尺度**〕を「**名義**」に、「質問６」は〔**尺度**〕を「**順序**」にする。

文字データを入力するときには、事前に変数ビューの〔**型**〕のところを「**文字列**」に変更しておく必要がある。

■ 値ラベル

質問１では、

1→男　　　　2→女

質問２では、

1→ A　　　　2→ B　　　　3→ AB　　　　4→ O

と対応させてデータを入力している。このままでも集計や解析には支障はないが、この情報をＳＰＳＳに登録しておくと、集計やグラフ表現、統計解析を行ったときに、１、２、３、４という各数値が何を意味しているかが表示されるようになり、結果がわかりやすくなる。そこで、変数ごとに各数値にラベルを割り当てる作業を行う。

作業は〔**変数ビュー**〕のシート上で行う。

値ラベルを割り当てる手順はつぎの通りである。

手順 1　値の選択

質問１という変数の中の〔値〕のところをクリックすると、「…」というマークが現れる。

「…」をクリックすると、つぎのようなボックスが現れる。

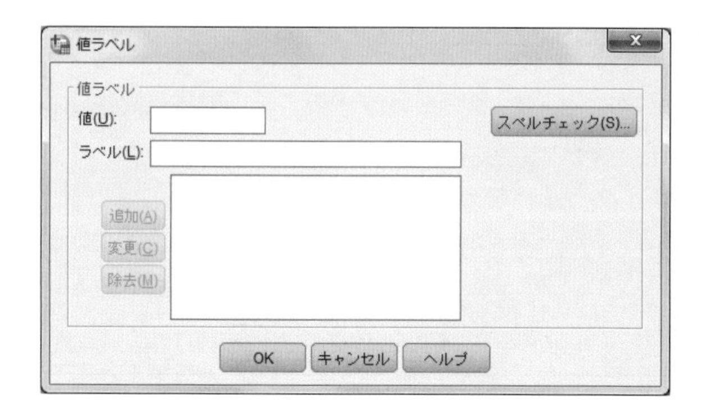

手順 2 値ラベルの設定

質問1の場合は、男を1としたので、〔値〕に「1」、〔ラベル〕に「男」と入力する。

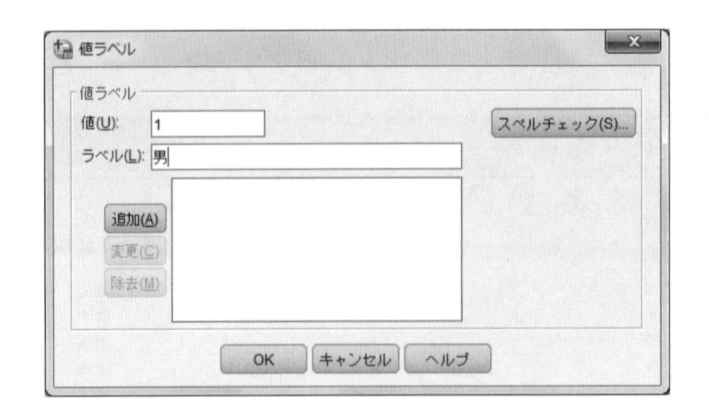

ここで〔追加〕というボタンをクリックする。

続いて、「女」を「2」としたという情報も同様に入力する。最終的にはつぎのようになる。

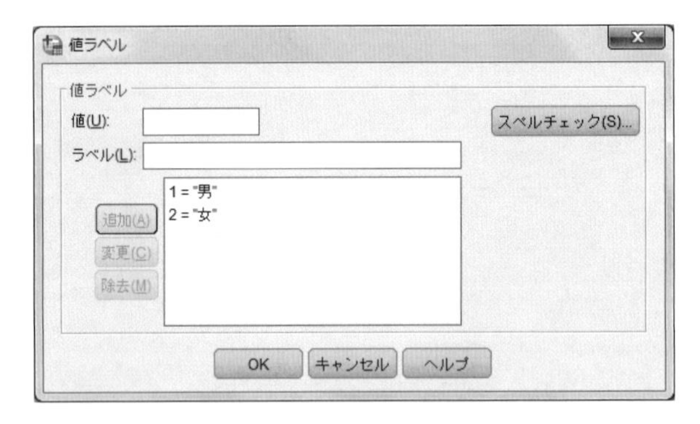

ここで〔OK〕というボタンをクリックすると設定は完了である。

質問2、質問5、質問6についても同様な手順で設定する。

■ 自動コード化

質問３は回答をコード化せずに、文字をそのまま入力した。ＳＰＳＳでデータを処理するには、これらを数値で表現しておかなくてはいけない解析手法がある。そこで、〔連続数への再割り当て〕という機能を使って、コード化しておくとよい。その手順をつぎに示そう。

手順 1　連続数への再割り当て

メニューから〔変換〕－〔連続数への再割り当て〕を選択する。

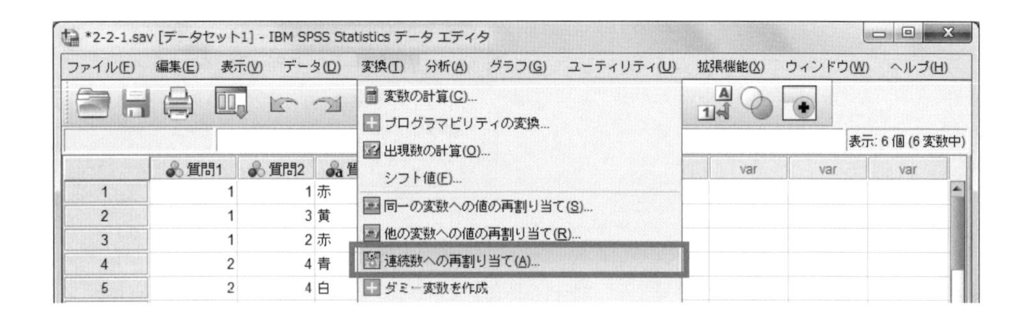

つぎのようなダイアログボックスが現れる。

手順 2　変数の選択

コード化する「質問３」を選択し、〔変数→新規名〕に投入する。

手順 3　新変数の設定

〔新しい変数名〕を入力する。新しい変数名はどんな名前でもよい。

ここでは「質問３新」としておく。

この変数には数値を割り当てたデータが入力される。

ここで〔新しい名前の追加〕→〔ＯＫ〕とクリックすると、どのようにコード化されたかを示す一覧表が表示される。

また、データシートには、コード化された新しいデータが「質問３新」という名前の変数として追加される。

質問3 into 質問3新

Old Value	New Value	Value Label
黄		1 黄
黒		2 黒
青		3 青
赤		4 赤
白		5 白
緑		6 緑

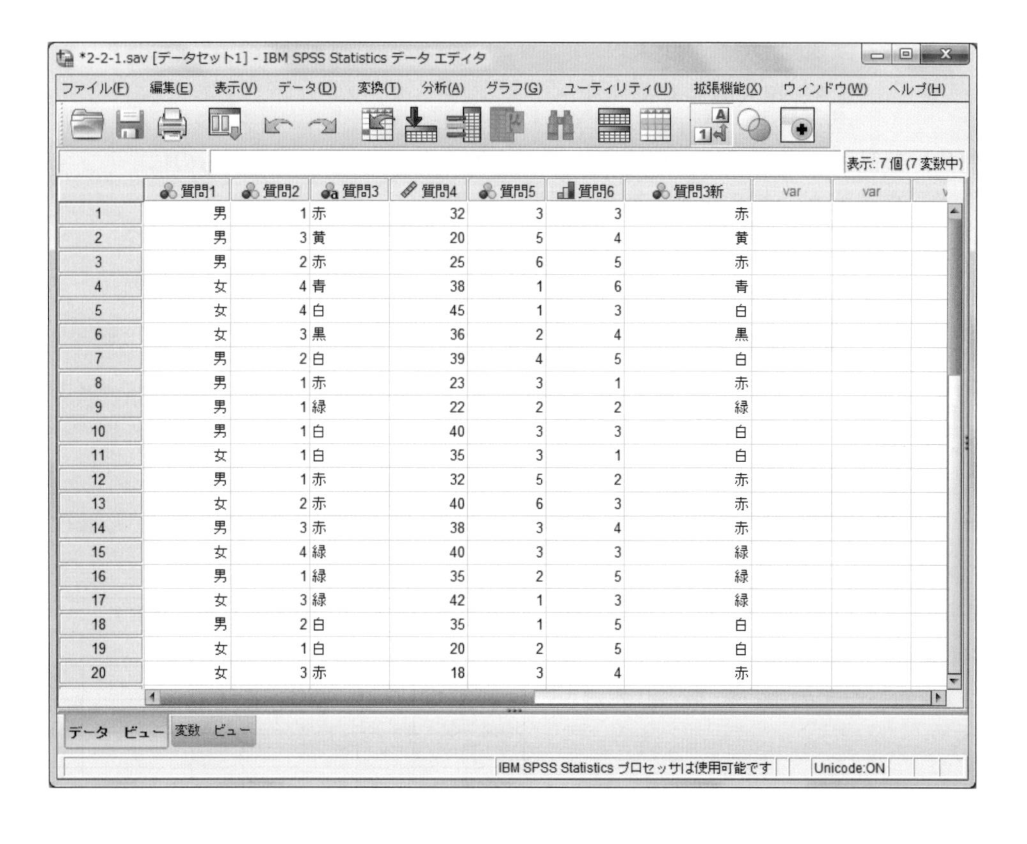

	質問1	質問2	質問3	質問4	質問5	質問6	質問3新	var	var
1	男	1	赤	32	3	3	赤		
2	男	3	黄	20	5	4	黄		
3	男	2	赤	25	6	5	赤		
4	女	4	青	38	1	6	青		
5	女	4	白	45	1	3	白		
6	女	3	黒	36	2	4	黒		
7	男	2	白	39	4	5	白		
8	男	1	赤	23	3	1	赤		
9	男	1	緑	22	2	2	緑		
10	男	1	白	40	3	3	白		
11	女	1	白	35	3	1	白		
12	男	1	赤	32	5	2	赤		
13	女	2	赤	40	6	3	赤		
14	男	3	赤	38	3	4	赤		
15	女	4	緑	40	3	3	緑		
16	男	1	緑	35	2	5	緑		
17	女	3	緑	42	1	3	緑		
18	男	2	白	35	1	5	白		
19	女	1	白	20	2	5	白		
20	女	3	赤	18	3	4	赤		

2−2 複数回答の入力

■ 質問例

複数回答の質問例を以下に示し、この例にもとづいてＳＰＳＳのデータ入力について解説しよう。

（質問１）製品Ｘを購入した理由として、当てはまるものに
いくつでも結構ですので○をつけてください。

1. 価格が安い
2. 品質がよい
3. デザインがよい
4. 知人のすすめ

（質問２）製品Ｘの置き場所に似合うと思う空間として、当てはまるものに
２つまで○をつけてください。

1. オフィス
2. 家の書斎
3. 研究室
4. 学校の教室

■ データ入力の方針

（1）質問1について

質問１の場合は制限のない複数回答の質問である。この質問に対して６人の回答者の答えがつぎのように得られたとしよう。

回答者	○をつけた番号			
A	1			
B	2	3		
C	3			
D	1	3	4	
E	1	2	3	4
F	1	3	4	

これはつぎのように２項選択形式（はい／いいえ）の４つの質問をしたと考える。

製品Ｘを購入した理由は

（問１）　価格が安いから　１．はい　０．いいえ
（問２）　品質がよいから　１．はい　０．いいえ
（問３）　デザインがよいから　１．はい　０．いいえ
（問４）　知人のすすめだから　１．はい　０．いいえ

回答者Aさんの場合には、（問１）は１を選び、（問２）、（問３）、（問４）は０を選んだと考えてデータを入力すればよい。なお、「いいえ」に付ける番号は２ではなく、０とするほうが便利である。

（２）質問２について

質問２の場合は選択数に制限のある複数回答の質問である。この質問に対して６人の回答者の答えがつぎのように得られたとしよう。

回答者	○をつけた番号	
A	1	2
B	2	3
C	3	4
D	1	3
E	1	2
F	1	3

データの入力という観点からは、質問１と同じようにつぎのような４つの質問をしたと考えて入力すればよい。

製品Ｘの置き場所には

（問１）　オフィスが似合う　１．はい　０．いいえ
（問２）　家の書斎が似合う　１．はい　０．いいえ
（問３）　研究室が似合う　１．はい　０．いいえ
（問４）　学校の教室が似合う　１．はい　０．いいえ

ここで注意しなければいけないのは、質問１と質問２はデータの入力形式は同じになるが、データの解析という観点からはまったく状況が異なるという点である。

質問１の場合は（1）と（2）に「はい」と答えたとして、それが（3）と（4）の答えに何ら影響をあたえない。つまり、４つの質問は独立であると考えてよい。一方、質問２の場合は（1）と（2）に「はい」と答えたならば、（3）と（4）は２つしか選べないという制限のために、自動的に答えは「いいえ」になり、４つの質問は独立でなくなる。データを解析するときには、この違いに注意する必要がある。

■ ＳＰＳＳのデータ入力

入力方針にもとづいて、つぎのようなイメージでＳＰＳＳに回答を入力する。

（質問１）の場合

2-2-2(1).sav [データセット5] - IBM SPSS Statistics データ エディタ

ファイル(F) 編集(E) 表示(V) データ(D) 変換(T) 分析(A) グラフ(G) ユーティリティ(U) 拡張機能(X) ウィンドウ(W) ヘルプ(H)

表示: 4 個 (4 変数中)

	価格	品質	デザイン	知人	var	var	var	var	var	var
1	1	0	0	0						
2	0	1	1	0						
3	0	0	1	0						
4	1	0	1	1						
5	1	1	1	1						
6	1	0	1	1						

（質問２）の場合

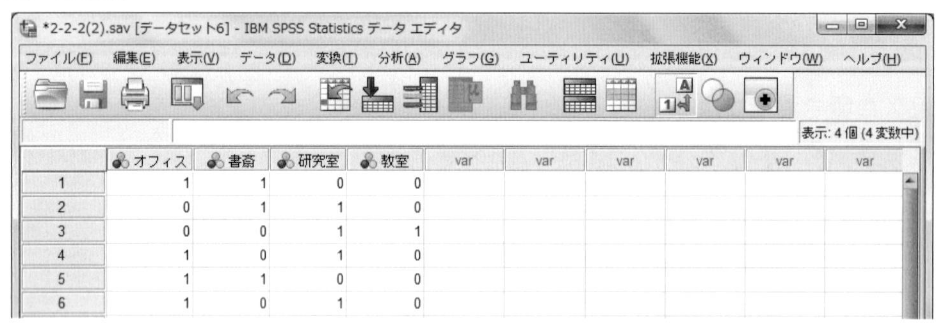

*2-2-2(2).sav [データセット6] - IBM SPSS Statistics データ エディタ

ファイル(F) 編集(E) 表示(V) データ(D) 変換(T) 分析(A) グラフ(G) ユーティリティ(U) 拡張機能(X) ウィンドウ(W) ヘルプ(H)

表示: 4 個 (4 変数中)

	オフィス	書斎	研究室	教室	var	var	var	var	var	var
1	1	1	0	0						
2	0	1	1	0						
3	0	0	1	1						
4	1	0	1	0						
5	1	1	0	0						
6	1	0	1	0						

さて、質問２の場合は２つしか選択できないという制約があるので、つぎのように２つの変数（２列）で済ますこともできる。

*2-2-2(2).sav [データセット6] - IBM SPSS Statistics データ エディタ

ファイル(F)　編集(E)　表示(V)　データ(D)　変換(T)　分析(A)　グラフ(G)　ユーティリティ(U)　拡張機能(X)　ウィンドウ(W)　ヘルプ(H)

表示: 2 個 (2 変数中)

	選択 1	選択 2	var	var	var	var	var	var	var	var
1	1	2								
2	2	3								
3	3	4								
4	1	3								
5	1	2								
6	1	3								

ＳＰＳＳには、このような形式で入力しても集計できる複数回答の集計機能（多重回答）が備わっている。この機能を集計時に用いるときには、選択１という変数にのみ、つぎのように値ラベルをつけておくとよい。

さて、ここからは筆者の私見であるが、ＳＰＳＳには複数回答の集計機能が備わっているとはいえ、解析を単なる集計だけで終わらせるような場合を除いては、この機能を用いた選択肢の数だけ変数を用意して入力するような形式はとるべきではない。あくまでも１と０によるデータ入力を行うべきであると考える。なぜならば、あとで多変量解析を行うときに、結局は０と１によるデータ形式に直さなければいけなくなるからである。

2−3　順位回答の入力

■ 質問例

順位回答の質問例を以下に示し、この例にもとづいてＳＰＳＳのデータ入力について解説しよう。

（質問１）つぎの６つの飲み物の中でどの順に好きか、好きなほうから順に
　　　　　１位から６位まで順位をつけてください。

・コーヒー　（　）位
・紅茶　（　）位
・ミルク　（　）位
・日本茶　（　）位
・炭酸飲料（果汁なし）　（　）位
・果汁飲料　（　）位

（質問２）パソコンを購入する際、特に重要視する項目をつぎの６つの中から
　　　　　３つ選び、１位から３位まで順位をつけてください。

・価格
・機能（グラフィック、通信）
・デザイン
・計算速度
・メーカー
・サービス

１位（　　）　２位（　　）　３位（　　）

■ データ入力の方針

（1）質問1について

質問1はすべての選択肢に順位をつける完全順位回答の質問である。このような質問の回答結果を入力するときには、つぎの3つの形式が考えられる。

① 行を回答者、列を対象物とするデータ表に順位を入力する。
② 行を回答者、列を順位とするデータ表に対象物を入力する。
③ 行を対象物、列を回答者とするデータ表に入力する。

上記①、②、③の表イメージをつぎに示す。

① 行を回答者、列を対象物とするデータ表に順位を入力する場合

データ表①

回答者	コーヒー	紅茶	ミルク	日本茶	炭酸飲料	果汁飲料
P1	4	1	6	5	2	3
P2	2	6	5	4	1	3
P3	3	2	4	6	5	1
…	…	…	…	…	…	…
…	…	…	…	…	…	…
…	…	…	…	…	…	…

② 行を回答者、列を順位とするデータ表に対象物を入力する場合

データ表②

回答者	1位	2位	3位	4位	5位	6位
P1	紅茶	炭酸飲料	果汁飲料	コーヒー	日本茶	ミルク
P2	炭酸飲料	コーヒー	果汁飲料	日本茶	ミルク	紅茶
P3	果汁飲料	紅茶	コーヒー	ミルク	炭酸飲料	日本茶
…	…	…	…	…	…	…
…	…	…	…	…	…	…
…	…	…	…	…	…	…

③ 行を対象物、列を回答者とするデータ表に入力する場合

データ表③

	P1	P2	P3	…	…	…
コーヒー	4	2	3	…	…	…
紅茶	1	6	2	…	…	…
ミルク	6	5	4	…	…	…
日本茶	5	4	6	…	…	…
炭酸飲料	2	1	5	…	…	…
果汁飲料	3	3	1	…	…	…

統計的に解析することを考えると、データ表①が最も好ましい。データ表②による入力形式では集計とグラフ程度しかできない。データ表③は回答者に注目した多変量解析を行うときに考えられる入力形式である。

なお、データ表①からデータ表③への変換は、行と列を入れ替える機能を使うことで容易に行うことができる。

（2）質問２について

質問２は選択肢の一部に順位をつける部分順位回答の質問である。この場合も質問１とまったく同じでデータ表①のように入力する。

データ表

回答者	価格	機能	デザイン	計算速度	メーカー	サービス
P1	1		2	3		
P2		1			2	3
P3	1	2			3	
…	…	…	…	…	…	…
…	…	…	…	…	…	…
…	…	…	…	…	…	…

ただし、例に示したように

・ 価格
・ 機能（グラフィック、通信）
・ デザイン
・ 計算速度
・ メーカー
・ サービス

1位（　　　）　2位（　　　）　3位（　　　）

というような回答用紙の場合、つぎのような原データが手元にある状態になる。

回答者 P1：　1位（ 価格 ）　2位（ デザイン ）　3位（ 計算速度 ）
回答者 P2：　1位（ 機能 ）　2位（ メーカー ）　3位（ サービス ）
回答者 P3：　1位（ 価格 ）　2位（ 機能 ）　3位（ サービス ）
…　…　…　…

このような状況で選択肢を変数とするデータ表①の形式で入力しようとすると、まぎらわしいうえに入力に時間がかかるのと、入力ミスを犯しやすくなる。
したがって、このような場合には、まずデータ表②の形式で Excel などの表計算ソフトに入力し、表計算ソフト上でデータ表②からデータ表①の形式に変換しておいて、そのデータをＳＰＳＳで読み込むとよい。

なお、ＳＰＳＳへの入力はつぎのようになる。

■ SPSSのデータ入力

入力方針にもとづいて、つぎのようなイメージで回答を入力する。

（質問１）の場合

2-2-3(1).sav [データセット10] - IBM SPSS Statistics データ エディタ

表示: 6 個 (6 変数中)

	コーヒー	紅茶	ミルク	日本茶	炭酸飲料	果汁飲料	var	var	var	var
1	4	1	6	5	2	3				
2	2	6	5	4	1	3				
3	3	2	4	6	5	1				
4	5	3	2	1	3	4				

（質問２）の場合

2-2-3(2).sav [データセット11] - IBM SPSS Statistics データ エディタ

14 : サービス　　表示: 6 個 (6 変数中)

	価格	機能	デザイン	計算速度	メーカー	サービス	var	var	var
1	1	.	2	3	.	.			
2	.	1	.	.	2	3			
3	1	2	.	.	3	.			
4	.	.	2	1	3	.			

このとき、４位以降は空欄になっているが、統計的な解析を行うときには、空欄にしておいてはいけない。このような場合には、中間順位（平均順位）の「5」を入力する。

2-2-3(2).sav [データセット11] - IBM SPSS Statistics データ エディタ

表示: 6 個 (6 変数中)

	価格	機能	デザイン	計算速度	メーカー	サービス	var	var	var
1	1	5	2	3	5	5			
2	5	1	5	5	2	3			
3	1	2	5	5	3	5			
4	5	5	2	1	3	5			

第3章 アンケートの集計

§1 単純集計

1−1 単純集計の方法とグラフの作成

例題 3-1 (p. 38 の質問例と同じ)

つぎに示すようなアンケートを 20 人に実施した結果、データ表に示すような回答結果が得られた。質問ごとに単純集計し、結果をグラフで表現せよ。ただし、質問４と質問６は除く。

（質問１）性別をお答えください。

１．男　　２．女

（質問２）血液型をお答えください。

１．Ａ　　２．Ｂ　　３．ＡＢ　　４．Ｏ

（質問３）最も好きな色をお答えください。　　（　　　）色

（質問４）あなたの年齢をお答えください。　　（　　　）歳

（質問５）この商品を最初に知ったのはつぎのどれですか。

１．テレビのコマーシャル　　２．ラジオのコマーシャル
３．新聞の広告　　４．店頭
５．知人の紹介　　６．その他（　　　）

（質問６）この商品に対する満足度をお答えください。

１．非常に不満　　２．不満
３．やや不満　　４．やや満足
５．満足　　６．非常に満足

データ表

回答者	質問１	質問２	質問３	質問４	質問５	質問６
1	1	1	赤	32	3	3
2	1	3	黄	20	5	4
3	1	2	赤	25	6	5
4	2	4	青	38	1	6
5	2	4	白	45	1	3
6	2	3	黒	36	2	4
7	1	2	白	39	4	5
8	1	1	赤	23	3	1
9	1	1	緑	22	2	2
10	1	1	白	40	3	3
11	2	1	白	35	3	1
12	1	1	赤	32	5	2
13	2	2	赤	40	6	3
14	1	3	赤	38	3	4
15	2	4	緑	40	3	3
16	1	1	緑	35	2	5
17	2	3	緑	42	1	3
18	1	2	白	35	1	5
19	2	1	白	20	2	5
20	2	3	赤	18	3	4

ＳＰＳＳによる解法

手順 1　データの入力

3-1.sav [データセット1] - IBM SPSS Statistics データ エディタ

ファイル(F)　編集(E)　表示(V)　データ(D)　変換(T)　分析(A)　グラフ(G)　ユーティリティ(U)　拡張機能(X)　ウィンドウ(W)　ヘルプ(H)

表示: 7 個 (7 変数中)

	回答者	質問1	質問2	質問3	質問4	質問5	質問6	var	var	var
1	1	1	1	赤	32	3	3			
2	2	1	3	黄	20	5	4			
3	3	1	2	赤	25	6	5			
4	4	2	4	青	38	1	6			
5	5	2	4	白	45	1	3			
6	6	2	3	黒	36	2	4			
7	7	1	2	白	39	4	5			
8	8	1	1	赤	23	3	1			
9	9	1	1	緑	22	2	2			
10	10	1	1	白	40	3	3			
11	11	2	1	白	35	3	1			
12	12	1	1	赤	32	5	2			
13	13	2	2	赤	40	6	3			
14	14	1	3	赤	38	3	4			
15	15	2	4	緑	40	3	3			
16	16	1	1	緑	35	2	5			
17	17	2	3	緑	42	1	3			
18	18	1	2	白	35	1	5			
19	19	2	1	白	20	2	5			
20	20	2	3	赤	18	3	4			

データ ビュー　変数 ビュー

IBM SPSS Statistics プロセッサは使用可能です　Unicode:ON

手順 2　値ラベルの設定

質問の選択肢にならって、「質問１」、「質問２」、「質問５」、「質問６」に値ラベルを設定する。

※値ラベル設定の手順は、第２章§２の２－１を参照されたい。

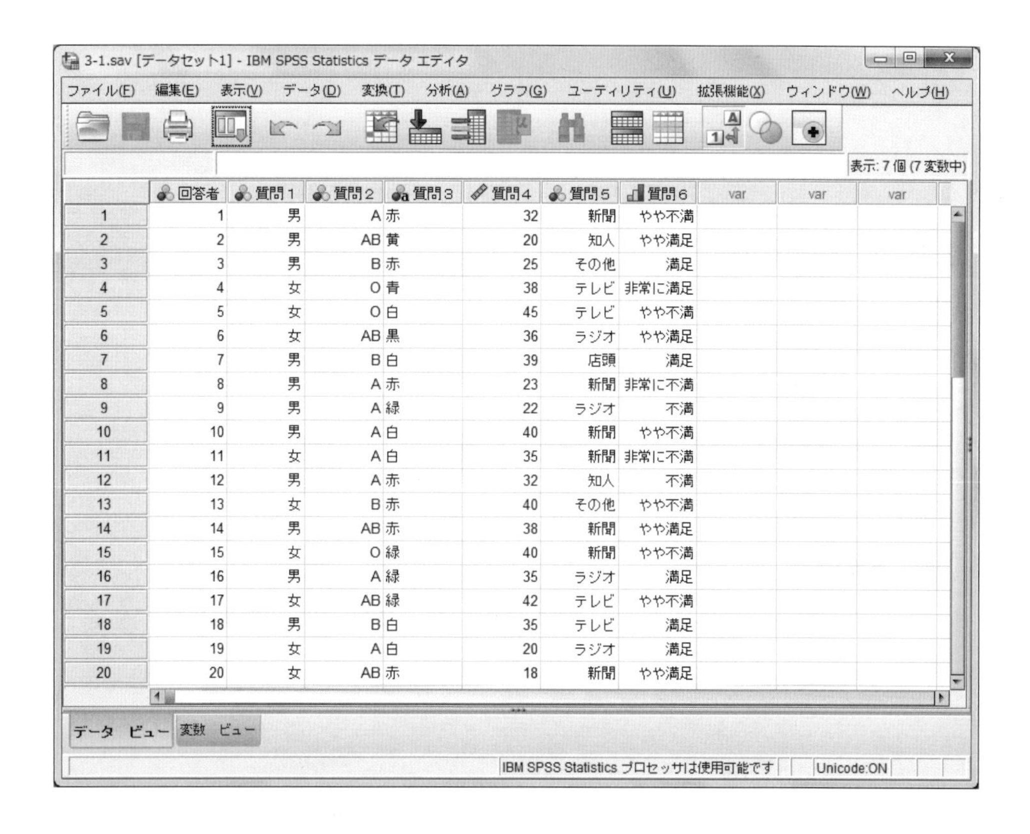

手順 3 度数分布表の選択

メニューの〔分析〕－〔記述統計〕－〔度数分布表〕を選択する。

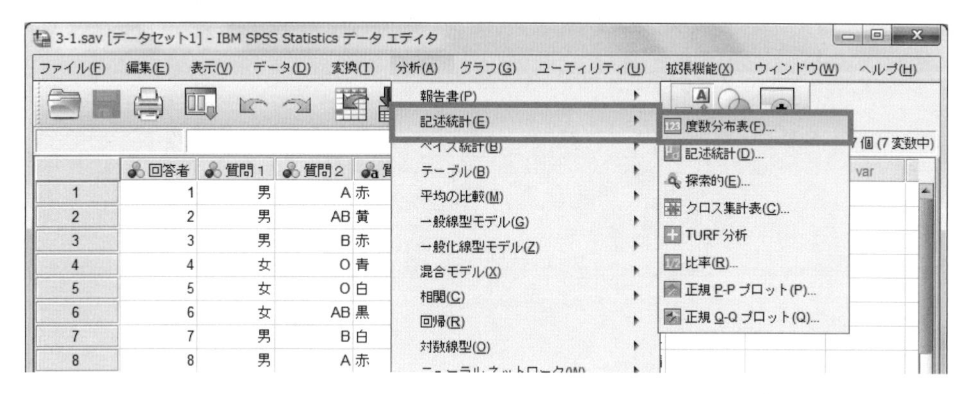

つぎのようなダイアログボックスが現れる。

手順4 変数の選択

集計したい変数を選択する。ここでは、「質問１」、「質問２」、「質問３」、「質問５」を投入する。

手順5 **棒グラフの作成**

〔図表〕ボタンをクリックして、〔棒グラフ〕を選択する。

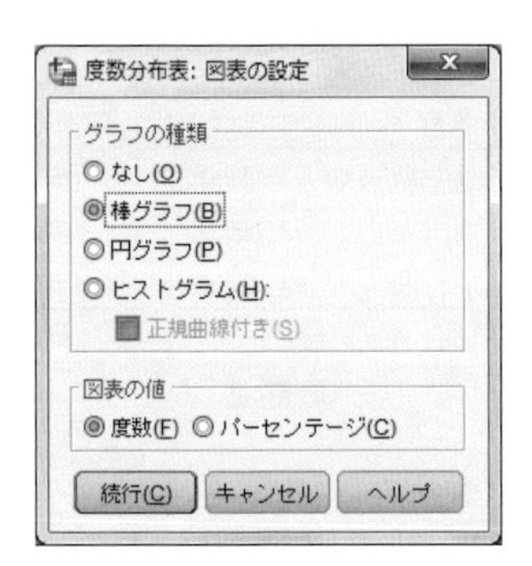

ここで〔続行〕をクリックすると前のダイアログボックスにもどる。

今度は〔書式〕ボタンをクリックして、〔度数による降順〕を選ぶ。これは棒グラフの棒を度数の多い順に並べたいからである。

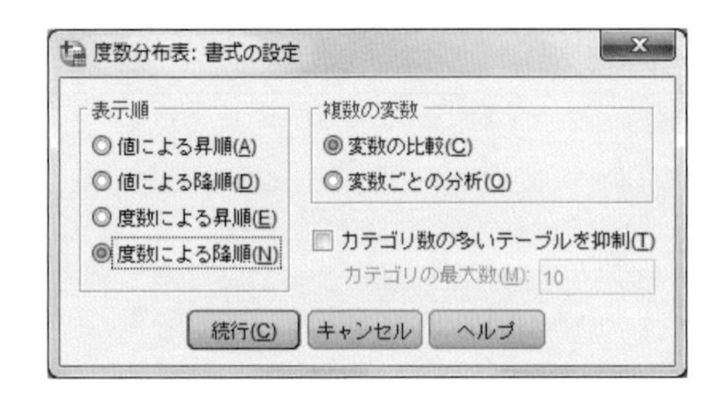

（注）名義尺度のデータの場合は、選択肢の順番に意味がない。したがって、棒グラフを見やすくするために度数の高い順に棒が並ぶようにするとよい。ただし、グラフ同士を比較したいというような目的がある場合には度数の順序よりも選択肢の順番を優先する。

ここで〔続行〕をクリックすると前のダイアログボックスにもどる。

〔ＯＫ〕をクリックすると、単純集計の結果として、度数分布表と棒グラフが出力される。

■ 単純集計の結果

度数分布表

質問１

		度数	パーセント	有効パーセント	累積パーセント
有効	男	11	55.0	55.0	55.0
	女	9	45.0	45.0	100.0
	合計	20	100.0	100.0	

質問２

		度数	パーセント	有効パーセント	累積パーセント
有効	A	8	40.0	40.0	40.0
	AB	5	25.0	25.0	65.0
	B	4	20.0	20.0	85.0
	O	3	15.0	15.0	100.0
	合計	20	100.0	100.0	

質問３

		度数	パーセント	有効パーセント	累積パーセント
有効	赤	7	35.0	35.0	35.0
	白	6	30.0	30.0	65.0
	緑	4	20.0	20.0	85.0
	黄	1	5.0	5.0	90.0
	黒	1	5.0	5.0	95.0
	青	1	5.0	5.0	100.0
	合計	20	100.0	100.0	

質問５

		度数	パーセント	有効パーセント	累積パーセント
有効	新聞	7	35.0	35.0	35.0
	テレビ	4	20.0	20.0	55.0
	ラジオ	4	20.0	20.0	75.0
	知人	2	10.0	10.0	85.0
	その他	2	10.0	10.0	95.0
	店頭	1	5.0	5.0	100.0
	合計	20	100.0	100.0	

棒グラフ

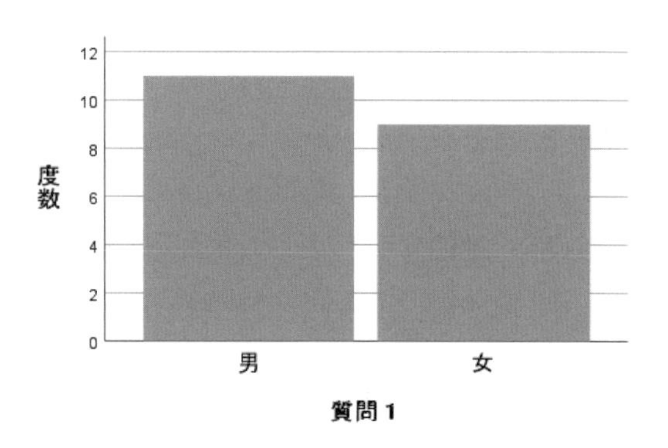

度数
12
10
8
6
4
2
0
男
女
質問１

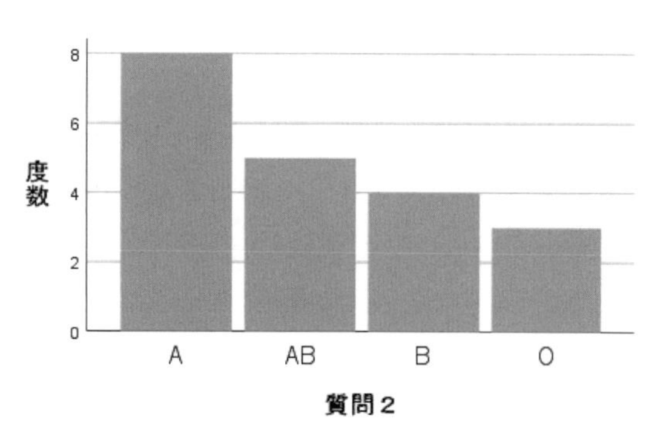

度数
8
6
4
2
0
A
AB
B
O
質問２

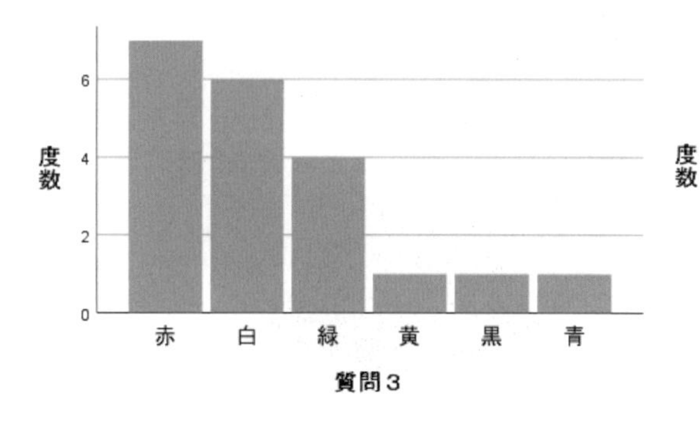

度数
6
4
2
0
赤
白
緑
黄
黒
青
質問３

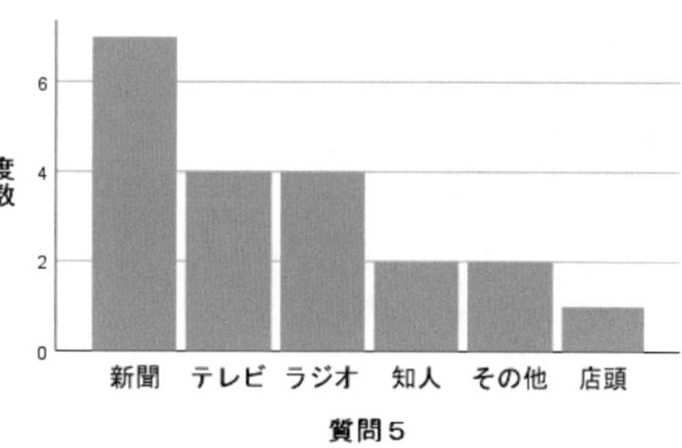

度数
6
4
2
0
新聞
テレビ
ラジオ
知人
その他
店頭
質問５

例題 3-2

例題３－１における質問１と質問２について、集計結果を円グラフで表現せよ。

■ 円グラフ

回答の選択肢が２つしかない二項選択の場合や選択肢の数が少ない場合には、集計結果のグラフによる表現として、棒グラフのほかに円グラフも有効である。ただし、円グラフは多項選択における項目の数（選択肢の数）が多いときには、見にくいグラフとなるので利用すべきではない。

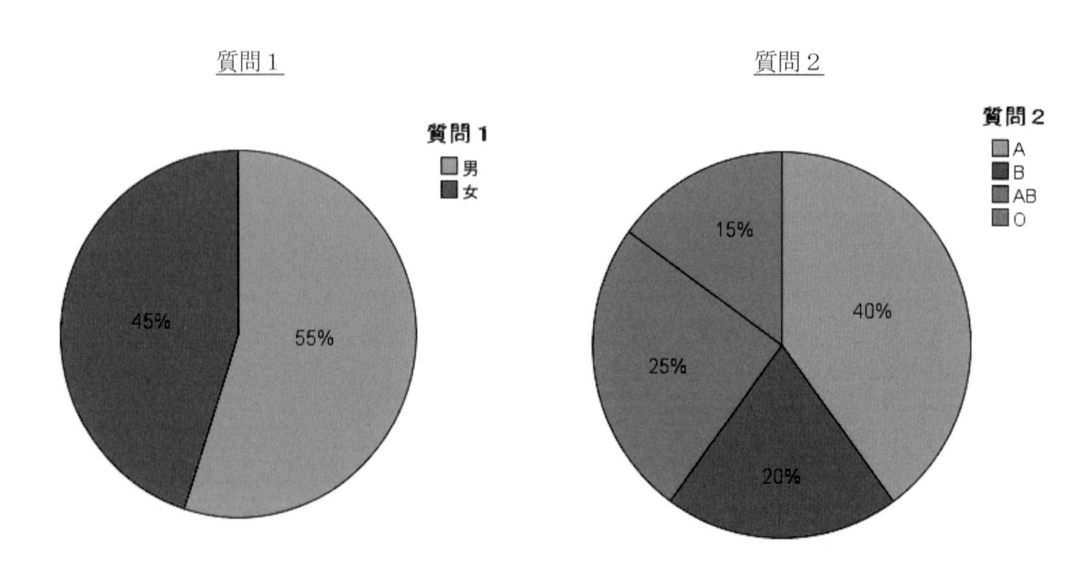

■ 円グラフと棒グラフ

円グラフには項目間の差が見えないという欠点がある。したがって、常に棒グラフと併用すべきである。そもそも円グラフと棒グラフは比較しているものが異なる。棒グラフは棒の高さを比較する、すなわち、項目同士を比較するのが目的である。これに対して、円グラフは扇と円全体、すなわち、１つの項目と全体を比較しているのである。

例題 **3-3**

例題３－１における質問６について単純集計を行い、集計結果をグラフで表現せよ。

■ 順序尺度データの処理

質問６は１から６の順に満足度が高くなるという性質を持っているので、順序尺度のデータである。順序尺度の場合は、選択肢の順序を活かした棒グラフを作成すべきなので、度数を降順に並べ替えるということは行わない。

度数分布表

質問6

		度数	パーセント	有効パーセント	累積パーセント
有効	非常に不満	2	10.0	10.0	10.0
	不満	2	10.0	10.0	20.0
	やや不満	6	30.0	30.0	50.0
	やや満足	4	20.0	20.0	70.0
	満足	5	25.0	25.0	95.0
	非常に満足	1	5.0	5.0	100.0
	合計	20	100.0	100.0	

棒グラフ

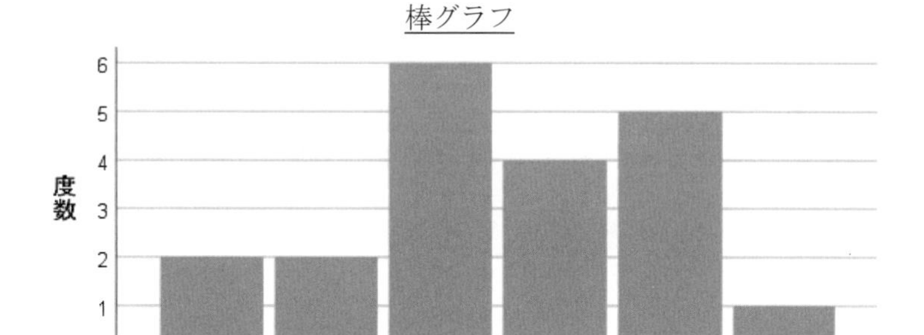

1−2 データの要約

例題 3-4

例題３−１における質問４に対する回答結果である年齢のデータについて、平均値、中央値、標準偏差を求め、グラフで表現せよ。

■ 数量データの処理

質問４は年齢を質問しているので、回答結果は数量データ（間隔尺度のデータ）となる。このようなデータは**平均値**、**中央値**、**標準偏差**などの統計量を用いて要約する。また、視覚化のためのグラフ表現にはヒストグラムや幹葉図（みきは）を用いるとよい。ただし、これらのグラフは本来、データの数が多いとき（50以上）に有益なグラフである。

■ 平均値と中央値

平均値と中央値は分布の中心位置を把握するのに有効な統計量である。

n 個のデータ $x_1, x_2, \cdots, x_n$ があるとき、平均値はつぎのように計算される。平均値は $\bar{x}$ という記号を使うのが一般的である。

$$\bar{x} = \frac{1}{n}(x_1 + x_2 + \cdots + x_n)$$

中央値とはデータを数値の大きい順（あるいは小さい順）に並べ替えたときに、真ん中の順位にくるデータの値である。

■ 標準偏差

標準偏差はデータのばらつきの大きさを把握するのに有効な統計量である。 n 個のデータ $x_1, x_2, \cdots, x_n$ があるときに、標準偏差を求めるには、最初に平均値 $\overline{x}$ を計算する。つぎに、各データと平均値 $\overline{x}$ との差（**偏差**と呼ぶ）を求める。

$$x_1 - \overline{x}, \quad x_2 - \overline{x}, \quad \cdots, \quad x_n - \overline{x}$$

これら n 個の偏差の値は一つひとつ異なっていて、同じ値にはならないので、偏差全体の大きさを考えたい。そこで、これら偏差の合計値を求めることを考える。しかし、偏差は平均値との差であるから、平均値よりも大きな値のデータのときには＋となり、平均値よりも小さな値のデータのときには－となることから、合計値は＋－相殺されて常に 0 となってしまう。

$$\sum_{i-1}^{n} (x_i - \overline{x}) = 0$$

これではばらつきの大きさを示す指標としては使えない。そこで各偏差を２乗してから合計する。

$$S = (x_1 - \overline{x})^2 + (x_2 - \overline{x})^2 + \cdots + (x_n - \overline{x})^2$$

$$= \sum_{i=1}^{n} (x_i - \overline{x})^2$$

こうして得られた値のことを**偏差平方和**という。偏差平方和は２乗の合計値であるから、データの数が多くなると、ばらつきの大きさに関係なく大きくなっていく。そこで、偏差平方和をデータの数で調整した、つぎのような統計量 V を考える。

$$V = \frac{S}{n-1}$$

このような Vを**分散**（**不偏分散**）という。分散の単位はもとのデータの単位を２乗したものとなっている。そこで、単位をデータの単位にそろえるために、分散の平方根をとった統計量 sを考える。

$$s = \sqrt{V}$$

このような sを標準偏差という。

ちなみに、ばらつきを示す統計量には、標準偏差のほかに**範囲**がある。範囲とはデータの中の最大値と最小値の差である。

範囲 ＝ 最大値 － 最小値

範囲は最大値と最小値しか利用しないので、データの数が多いときには不適切な統計量である。$n \leqq 10$ のときに利用するとよい。

■ ＳＰＳＳによる解法

ＳＰＳＳで基本的な統計量を求める手順を示そう。

手順 1 記述統計の選択

メニューの〔分析〕－〔記述統計〕－〔記述統計〕を選択する。

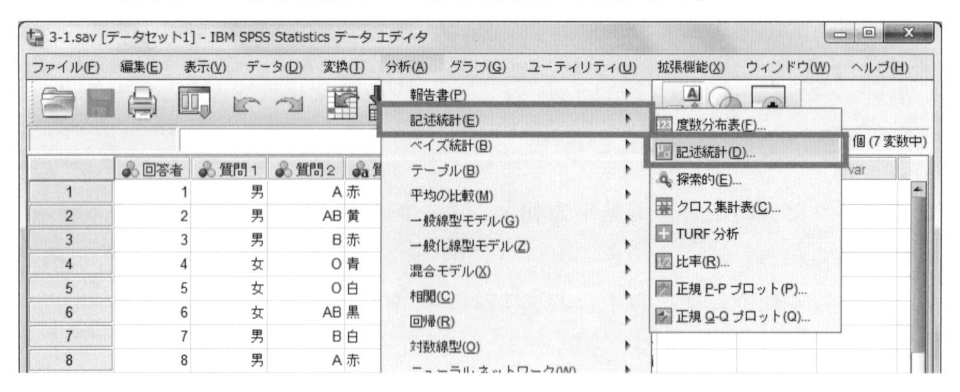

つぎのようなダイアログボックスが現れる。

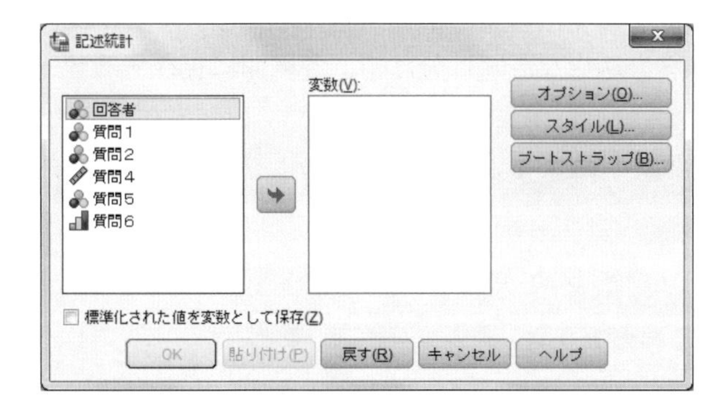

手順 2　変数の選択

統計量を求める変数を選択する。ここでは「質問４」を投入する。

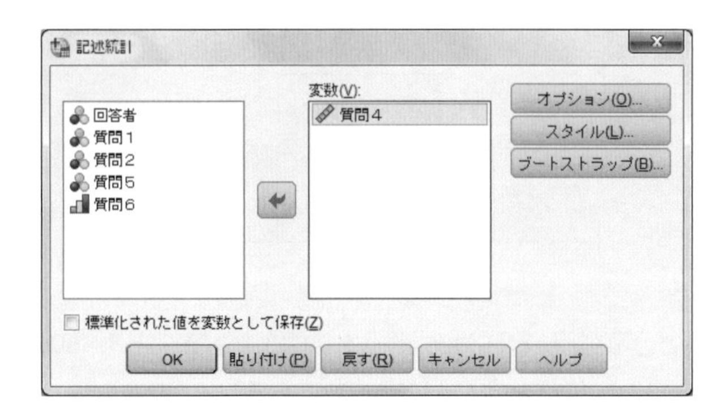

〔ＯＫ〕をクリックすると、つぎのような結果が得られる。

記述統計量

	度数	最小値	最大値	平均値	標準偏差
質問4	20	18	45	32.75	8.360
有効なケースの数 (リストごと)	20				

■ ヒストグラムと幹葉図

数量データの分布状態を視覚に訴えて把握するには、ヒストグラムと幹葉（みきは）図が有効である。どちらのグラフもデータを適当な区間に分けて、各区間に存在するデータの数を把握することが基本となる。

ヒストグラムや幹葉図を作成することで、つぎのようなことを視覚的に把握することができる。

① 分布の形
② 中心位置とばらつきの大きさ
③ 外れ値の存在

ヒストグラムはデータが正規分布かどうかをみるのに有効なグラフで、つぎのような形（最も高い棒を中心に左右対称の鐘型）をしていれば、正規分布とみることができる。

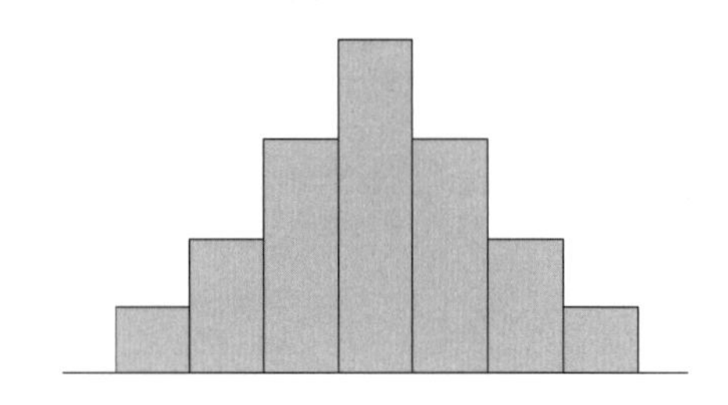

ただし、正規分布かどうかをみるには、データの数が少なくとも 50～100 以上は必要である。一方、幹葉図はデータが多いときには不向きである。

■　ＳＰＳＳによる解法

ＳＰＳＳでヒストグラムと幹葉図を作成する手順を示そう。

手順 1　記述統計の選択

メニューの〔分析〕－〔記述統計〕－〔探索的〕を選択する。

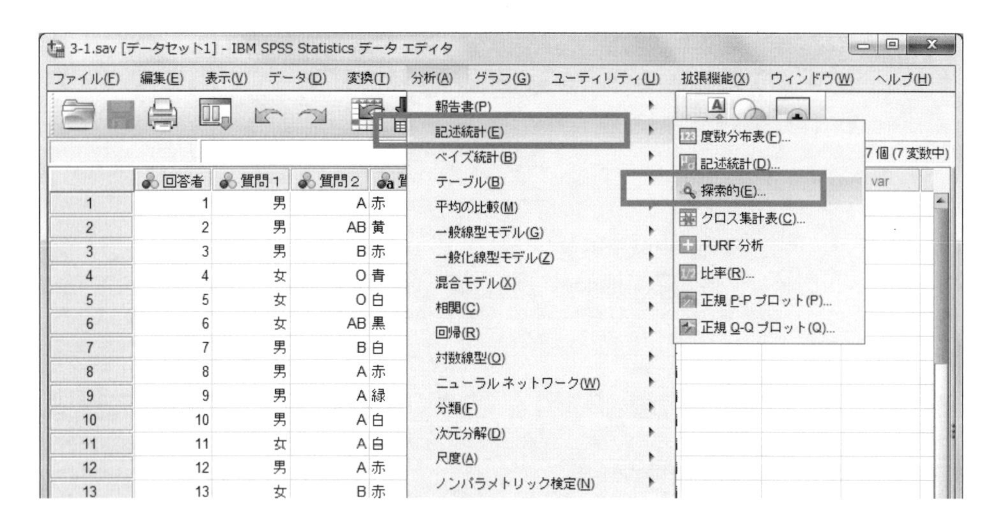

つぎのようなダイアログボックスが現れる。

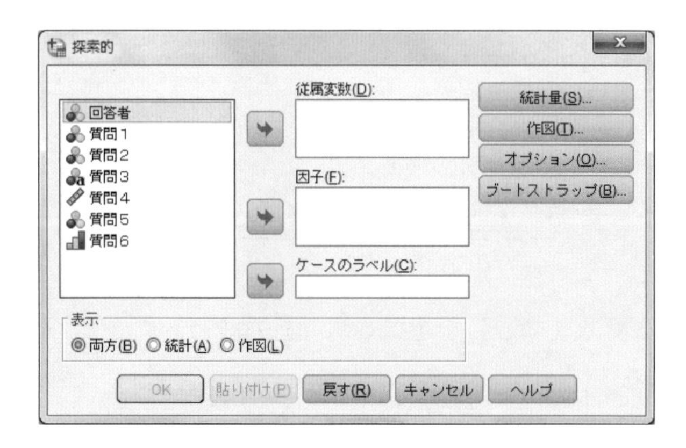

手順 2　変数の選択

グラフで表したい変数を選択する。ここでは「質問4」を〔従属変数〕に投入する。さらに、〔表示〕の中の〔作図〕を選択する。

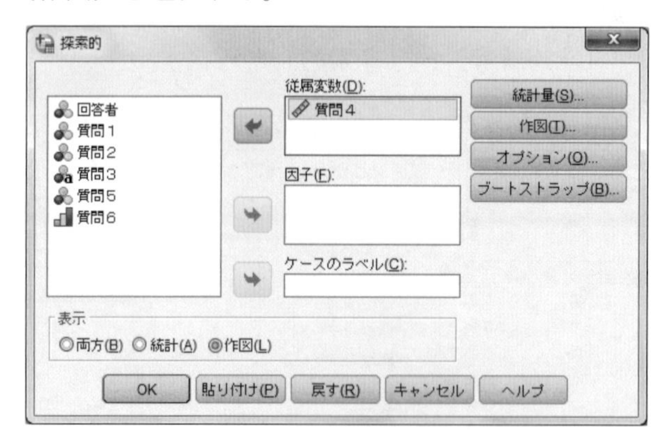

さらに画面右上の〔作図〕をクリックすると、つぎのようなダイアログボックスが現れる。

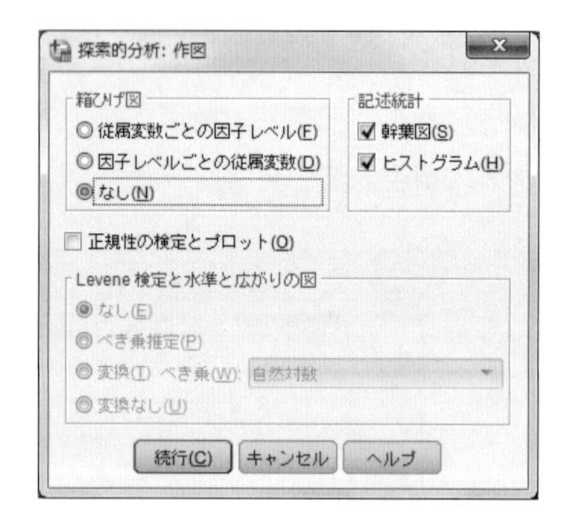

〔箱ひげ図〕のところでは〔なし〕を選択し、〔記述統計〕のところでは〔幹葉図〕と〔ヒストグラム〕を選択する。

〔続行〕をクリックすると、前のダイアログボックスにもどるので、〔ＯＫ〕をクリックする。

ヒストグラム

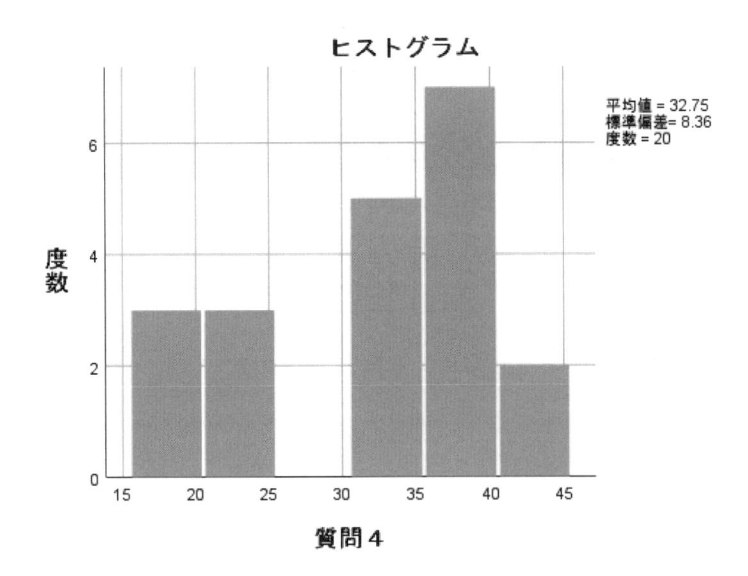

幹葉図

質問4 幹葉図

```
 度数        幹 & 葉

   1.00       1 .  8        ←  18というデータが存在する
   4.00       2 .  0023     ←  20, 20, 22, 23というデータが存在する
   1.00       2 .  5        ←  25というデータが存在する
   2.00       3 .  22
   7.00       3 .  5556889
   4.00       4 .  0002
   1.00       4 .  5

 幹の幅:       10
 各葉:        1 ケース
```

§2 クロス集計

2−1 クロス集計の方法とグラフの作成

例題 3-5

例題３－１のデータ表で質問同士のクロス集計を行え。

■ クロス集計表

n 人の回答者につぎのような２つの質問をしたとする。

（質問ｘ）性別をお答えください。

１．男　　　　　２．女

（質問ｙ）ラグビーとサッカーでは、どちらが好きですか？

１．ラグビー　　２．サッカー

この２つの質問に対する回答を集計した結果、

男 で ラグビーが好き → a 人
女 で ラグビーが好き → b 人
男 で サッカーが好き → c 人
女 で サッカーが好き → d 人

となったとすると、この集計結果はつぎのような２元表に整理することができる。

	男性	女性
ラグビー	a	b
サッカー	c	d

これは質問 x（性別）と質問 y（スポーツの好み）を組み合わせて集計した結果であり、このような集計方法を**クロス集計**という。

クロス集計した結果の表を**クロス集計表**、または**分割表**と呼んでいる。

■ SPSSによる解法

手順 1 クロス集計表の選択

メニューの〔分析〕－〔記述統計〕－〔クロス集計表〕を選択する。

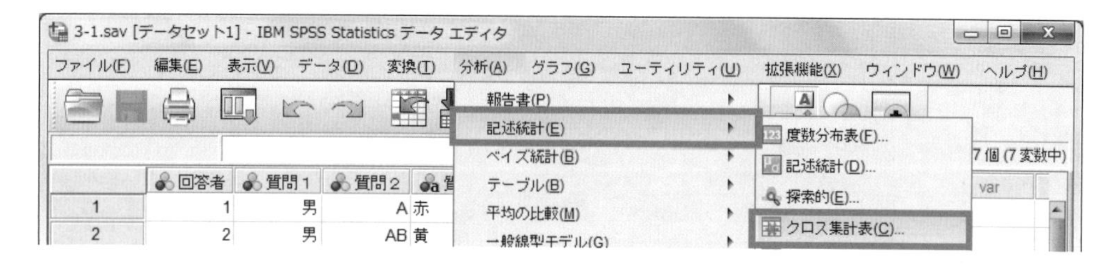

つぎのようなダイアログボックスが現れる。

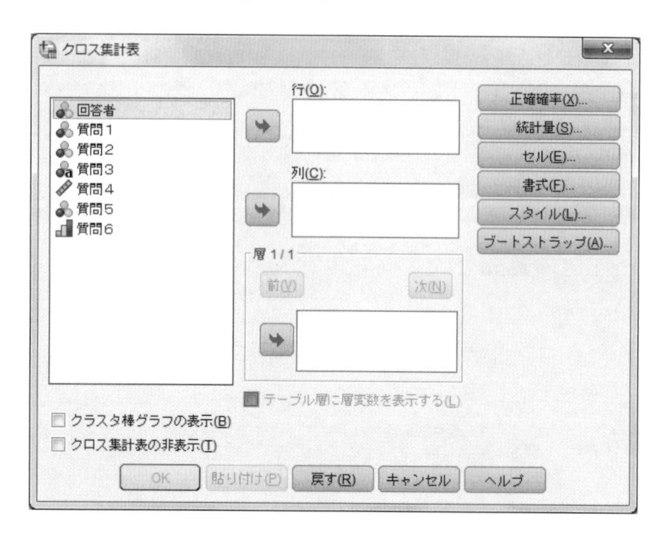

手順 2　変数の選択

組み合わせて集計する２つの変数を選択する。

まずは質問１と他の質問（質問４は除く）とのクロス集計を行うことにする。

そこで、クロス集計表の行にとる変数として「質問１」を投入し、列にとる変数として、「質問２」、「質問３」、「質問５」、「質問６」を投入する。

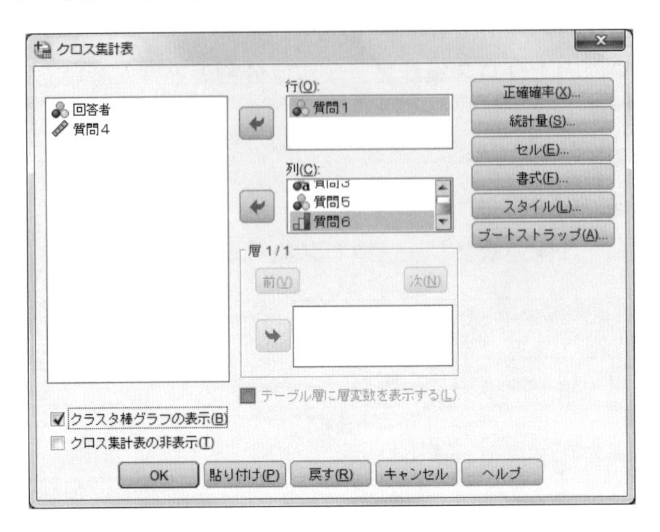

手順 3　グラフの作成

グラフも同時に作成したいので、〔クラスタ棒グラフの表示〕を選択しておく。

〔ＯＫ〕をクリックする。

以上の手順で質問１と他の質問とのクロス集計表とグラフが作成される。残りの組合せについても、同様な手順を繰り返せばよい。

次頁以降に作成されたクロス集計表とグラフを掲示する。

■ クロス集計の結果

質問１ と 質問２ のクロス表

度数

		質問２				
		A	B	AB	O	合計
質問１	男	6	3	2	0	11
	女	2	1	3	3	9
合計		8	4	5	3	20

質問１ と 質問３ のクロス表

度数

		質問３						
		黄	黒	青	赤	白	緑	合計
質問１	男	1	0	0	5	3	2	11
	女	0	1	1	2	3	2	9
合計		1	1	1	7	6	4	20

質問１ と 質問５ のクロス表

度数

		質問５						
		テレビ	ラジオ	新聞	店頭	知人	その他	合計
質問１	男	1	2	4	1	2	1	11
	女	3	2	3	0	0	1	9
合計		4	4	7	1	2	2	20

質問１ と 質問６ のクロス表

度数

		質問６						
		非常に不満	不満	やや不満	やや満足	満足	非常に満足	合計
質問１	男	1	2	2	2	4	0	11
	女	1	0	4	2	1	1	9
合計		2	2	6	4	5	1	20

質問２ と 質問３ のクロス表

度数

		質問３						
		黄	黒	青	赤	白	緑	合計
質問２	A	0	0	0	3	3	2	8
	B	0	0	0	2	2	0	4
	AB	1	1	0	2	0	1	5
	O	0	0	1	0	1	1	3
合計		1	1	1	7	6	4	20

質問２ と 質問５ のクロス表

度数

		質問５						
		テレビ	ラジオ	新聞	店頭	知人	その他	合計
質問２	A	0	3	4	0	1	0	8
	B	1	0	0	1	0	2	4
	AB	1	1	2	0	1	0	5
	O	2	0	1	0	0	0	3
合計		4	4	7	1	2	2	20

質問２ と 質問６ のクロス表

度数

		質問６						
		非常に不満	不満	やや不満	やや満足	満足	非常に満足	合計
質問２	A	2	2	2	0	2	0	8
	B	0	0	1	0	3	0	4
	AB	0	0	1	4	0	0	5
	O	0	0	2	0	0	1	3
合計		2	2	6	4	5	1	20

質問３ と 質問５ のクロス表

度数

		質問５						
		テレビ	ラジオ	新聞	店頭	知人	その他	合計
質問３	黄	0	0	0	0	1	0	1
	黒	0	1	0	0	0	0	1
	青	1	0	0	0	0	0	1
	赤	0	0	4	0	1	2	7
	白	2	1	2	1	0	0	6
	緑	1	2	1	0	0	0	4
合計		4	4	7	1	2	2	20

質問３ と 質問６ のクロス表

度数

		質問６						
		非常に不満	不満	やや不満	やや満足	満足	非常に満足	合計
質問３	黄	0	0	0	1	0	0	1
	黒	0	0	0	1	0	0	1
	青	0	0	0	0	0	1	1
	赤	1	1	2	2	1	0	7
	白	1	0	2	0	3	0	6
	緑	0	1	2	0	1	0	4
合計		2	2	6	4	5	1	20

質問５ と 質問６ のクロス表

度数

		質問６						
		非常に不満	不満	やや不満	やや満足	満足	非常に満足	合計
質問５	テレビ	0	0	2	0	1	1	4
	ラジオ	0	1	0	1	2	0	4
	新聞	2	0	3	2	0	0	7
	店頭	0	0	0	0	1	0	1
	知人	0	1	0	1	0	0	2
	その他	0	0	1	0	1	0	2
合計		2	2	6	4	5	1	20

― クラスタ棒グラフの例 ―

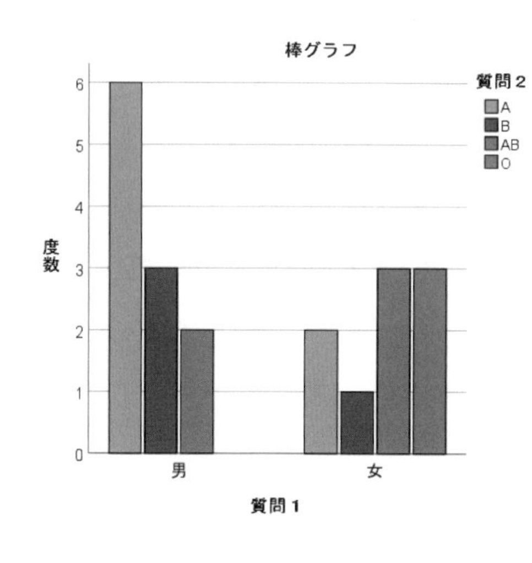

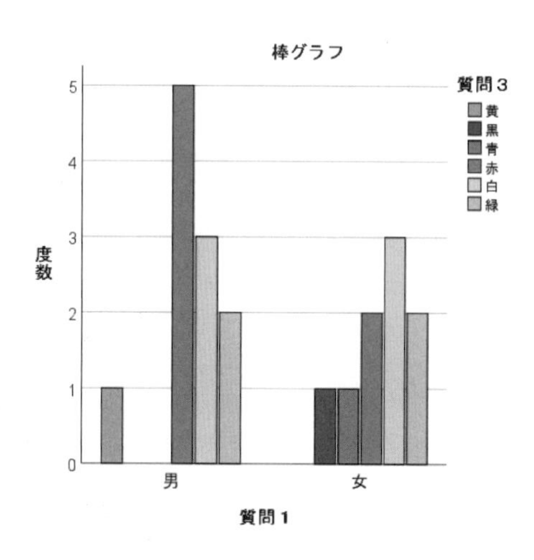

2−2　クロス集計表のグラフ表現

例題３－５の最後に示したように、クロス集計表とともにクラスタ棒グラフも同時に作成した。しかし、これらのクラスタ棒グラフは必ずしも見やすいものではない。クロス集計表のグラフ表現には、帯グラフのほうが適している場合が少なくない。そこで、帯グラフを作成することにしよう。

■ ＳＰＳＳによる解法

手順 1　帯グラフの作成

メニューの〔グラフ〕－〔レガシーダイアログ〕－〔棒〕を選択する。

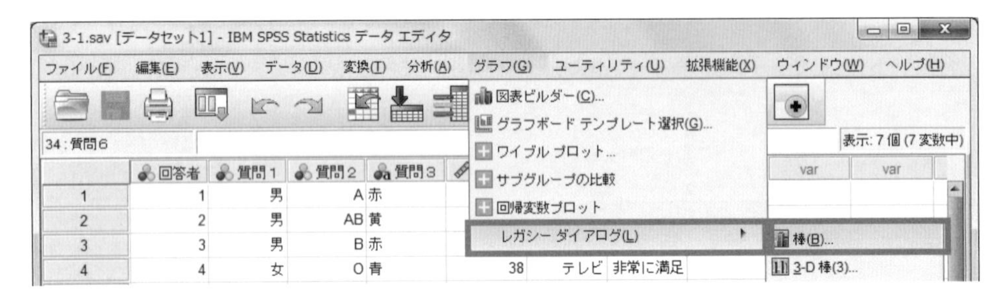

つぎのようなダイアログボックスが現れるので、〔積み上げ〕を選択して〔定義〕をクリックする。

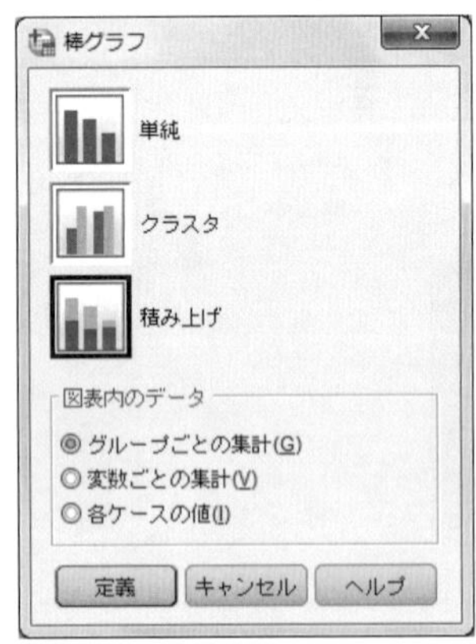

つぎのようなダイアログボックスが現れる。

〔カテゴリ軸〕に「質問１」を、〔積み上げの定義〕に「質問２」を投入する。

〔棒の表現内容〕のところでは〔ケースの数〕を選択する。

〔ＯＫ〕をクリックすると、右のような積み上げグラフが作成される。

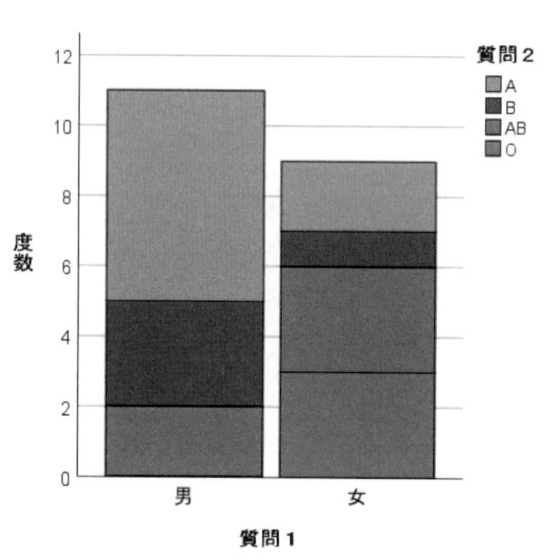

手順 2 グラフの編集

グラフをダブルクリックすると〔図表エディタ〕が現れるので、〔オプション〕－〔100%に尺度設定〕を選択する。

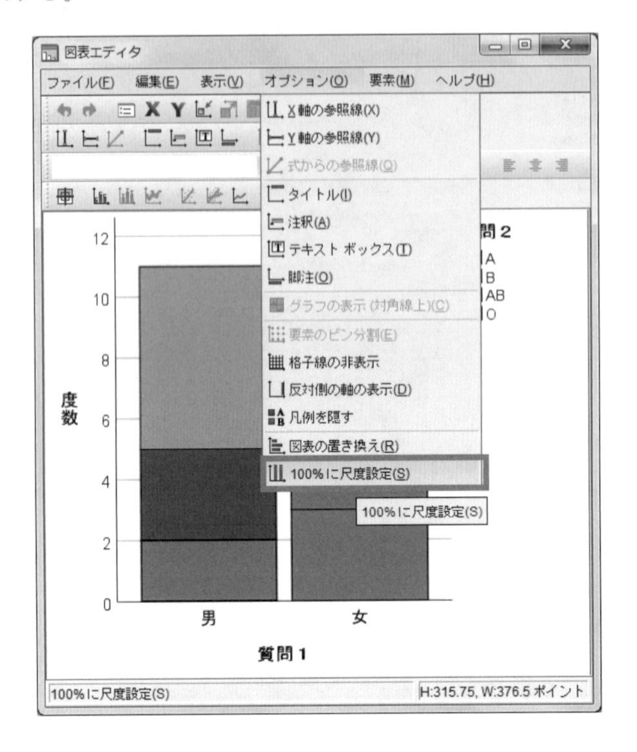

右のような帯グラフが作成される。

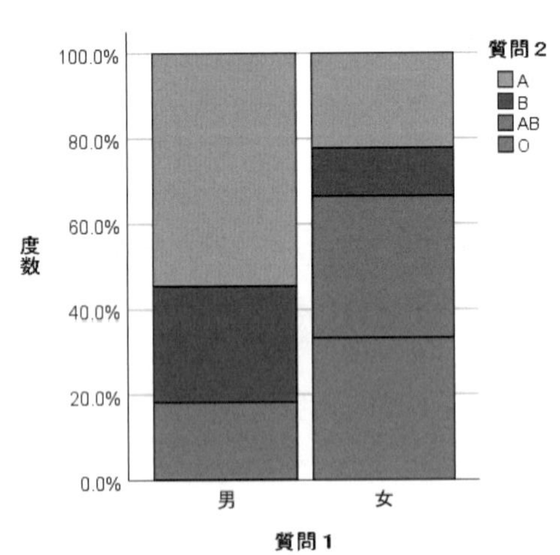

横軸を血液型にしたいときには、まず棒をダブルクリックして〔プロパティ〕の〔変数〕タブを開く。

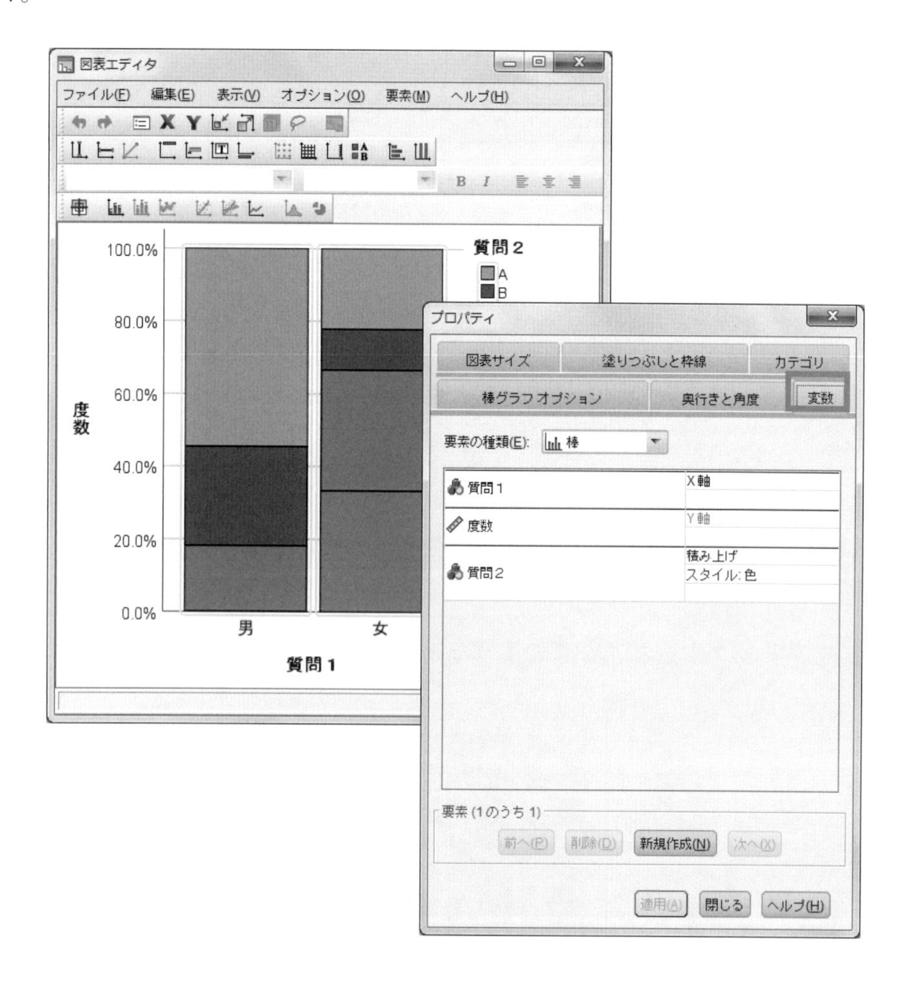

「質問２」の〔積み上げ〕を〔Ｘ軸〕に変更すると、「質問１」の〔Ｘ軸〕が〔積み上げ〕に変わる。

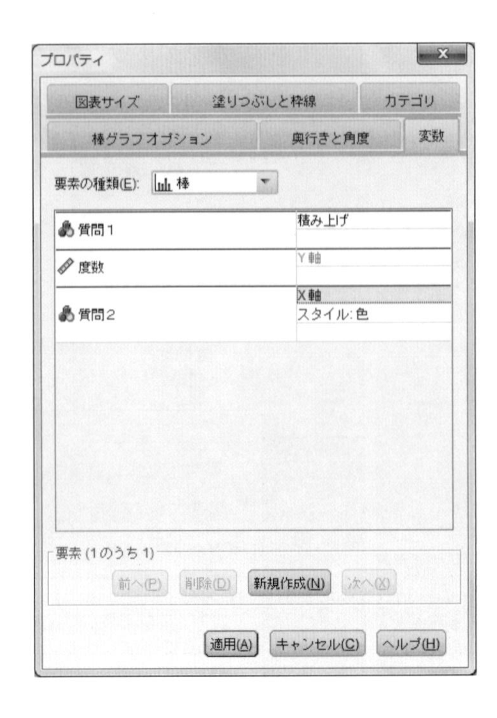

〔適用〕をクリックすると、つぎのような帯グラフに変更できる。

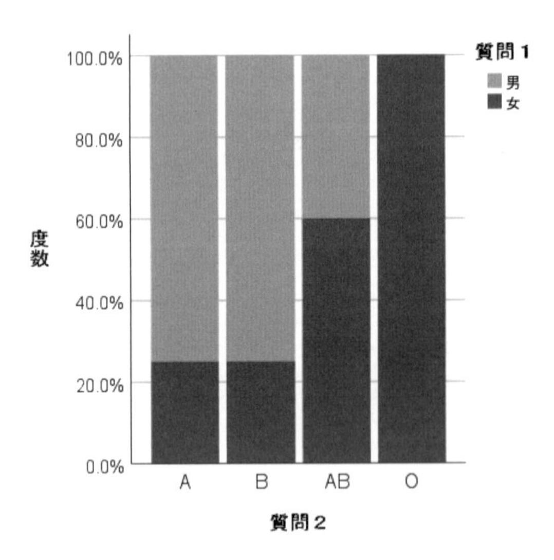

― クラスタ棒グラフと帯グラフの比較 ―

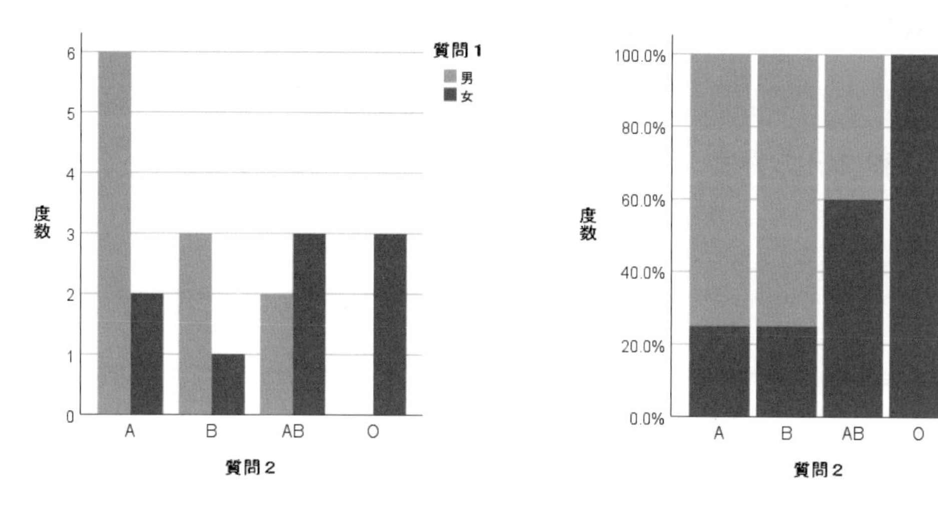

（質問２と質問１の場合）

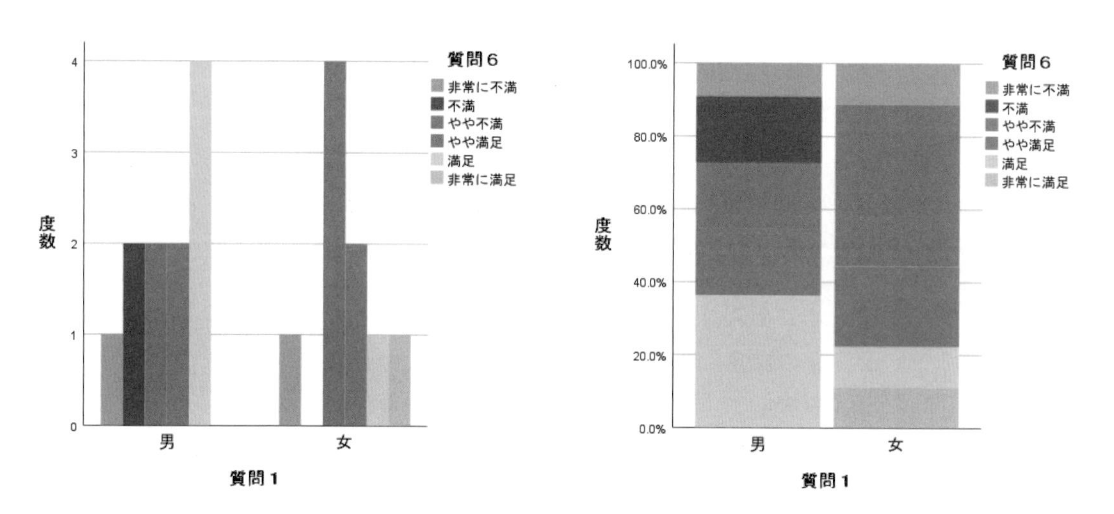

（質問１と質問６の場合）

§3 複数回答の集計

3−1 単純集計の方法

例題 3-6 （p. 48 の質問例と同じ）

つぎに示すようなアンケートを 20 人に実施した結果、データ表に示すような回答結果が得られた。質問ごとに単純集計せよ。

（質問１）製品Ｘを購入した理由として、当てはまるものにいくつでも結構ですので○をつけてください。

１．価格が安い
２．品質がよい
３．デザインがよい
４．知人のすすめ

（質問２）製品Ｘの置き場所に似合うと思う空間として、当てはまるものに２つまで○をつけてください。

１．オフィス
２．家の書斎
３．研究室
４．学校の教室

データ表

回答者	質問1				質問2	
1	1				1	2
2	2	3			2	3
3	3				3	4
4	1	3	4		1	3
5	1	2	3	4	1	2
6	1	3	4		1	3
7	1				2	4
8	2				1	3
9	1	4			1	2
10	2	4			1	2
11	1	3	4		2	3
12	2	4			2	4
13	2	4			1	2
14	3	4			2	3
15	4				1	4
16	1	4			2	4
17	1	2	4		2	3
18	1	2	3	4	1	2
19	2	3			1	2
20	2	4			1	4

■ ＳＰＳＳによる解法

手順 1 データの入力

質問１および質問２の選択肢を変数とする。その選択肢が選ばれていれば「1」、選ばれていなければ「0」と入力する。

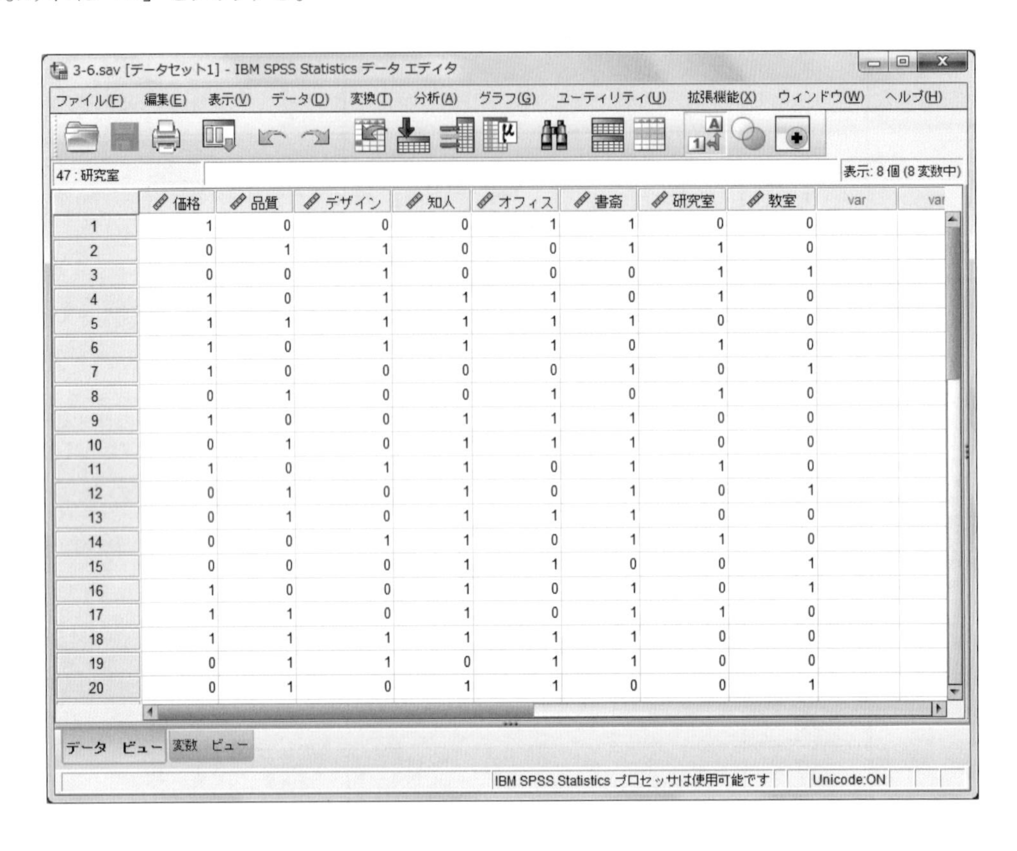

	価格	品質	デザイン	知人	オフィス	書斎	研究室	教室	var	var
1	1	0	0	0	1	1	0	0		
2	0	1	1	0	0	1	1	0		
3	0	0	1	0	0	0	1	1		
4	1	0	1	1	1	0	1	0		
5	1	1	1	1	1	1	0	0		
6	1	0	1	1	1	0	1	0		
7	1	0	0	0	0	1	0	1		
8	0	1	0	0	1	0	1	0		
9	1	0	0	1	1	1	0	0		
10	0	1	0	1	1	1	0	0		
11	1	0	1	1	0	1	1	0		
12	0	1	0	1	0	1	0	1		
13	0	1	0	1	1	1	0	0		
14	0	0	1	1	0	1	1	0		
15	0	0	0	1	1	0	0	1		
16	1	0	0	1	0	1	0	1		
17	1	1	0	1	0	1	1	0		
18	1	1	1	1	1	1	0	0		
19	0	1	1	0	1	1	0	0		
20	0	1	0	1	1	0	0	1		

手順 2 変数のグループ化

メニューの〔分析〕－〔多重回答〕－〔変数グループの定義〕を選択する。

右のようなダイアログボックスが現れる。

手順 3 変数の選択とグループの定義

１つのグループにまとめたい変数を選択する。まずは、質問１の選択肢となっている４つの変数（価格、品質、デザイン、知人）を選択する。

01データなので〔変数のコード化様式〕のところは〔２分〕を選び、〔集計値〕のボックスに「1」と入力する。

１つのグループにまとめたときのグループ名を〔名前〕のボックスの中に入力する。ここでは「質問１」としておく。

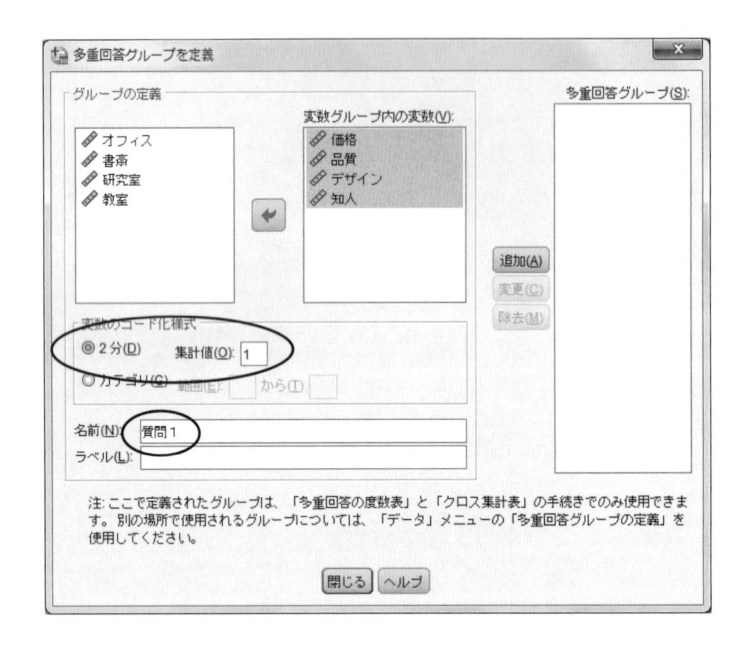

ここで〔追加〕のボタンをクリックすると、つぎのような画面になる。

〔多重回答グループ〕のボックスの中に「$質問１」というのが見える。これで質問１についてのグループ化は完了である。

〔閉じる〕をクリックする。

質問２についても同様な手順でグループ化する。

手順 4 度数分布表の選択

メニューの〔分析〕－〔多重回答〕－〔度数分布表〕を選択する。

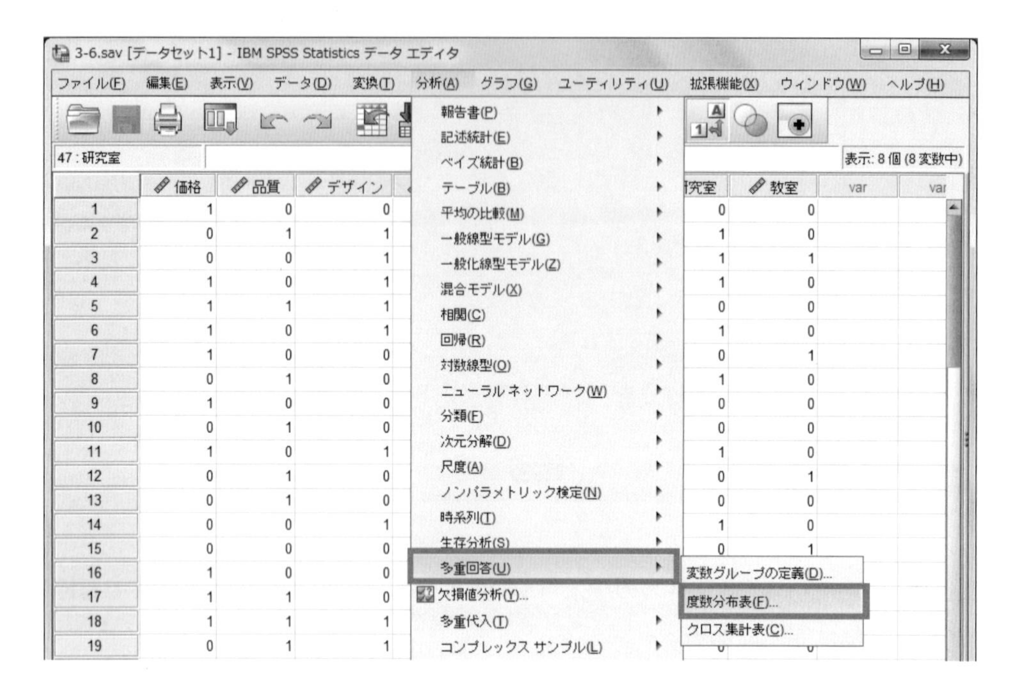

つぎのようなダイアログボックスが現れる。

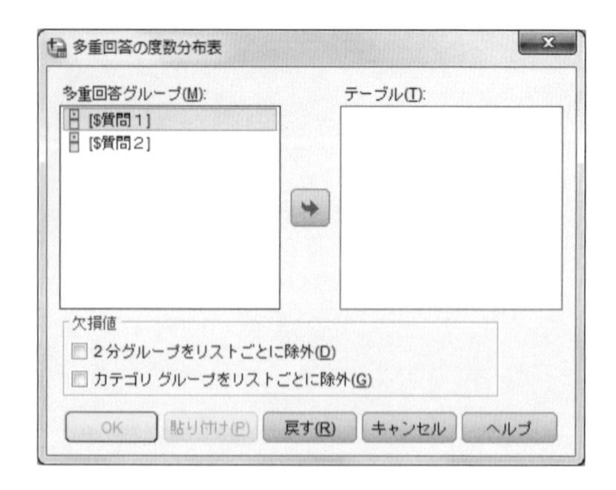

手順 5 グループの選択

〔多重回答グループ〕のボックス内にある「$質問１」と「$質問２」を選択し、〔テーブル〕に投入する。

ここで〔ＯＫ〕をクリックすると集計結果が得られる。

■ 単純集計の結果

$質問１ 度数分布表

		応答数		ケースの
		度数	パーセント	パーセント
$質問１[a]	価格	10	23.3%	50.0%
	品質	10	23.3%	50.0%
	デザイン	9	20.9%	45.0%
	知人	14	32.6%	70.0%
合計		43	100.0%	215.0%

a. 2 分グループを値 1 で集計します。

$質問２ 度数分布表

		応答数		ケースの
		度数	パーセント	パーセント
$質問２[a]	オフィス	12	30.0%	60.0%
	書斎	14	35.0%	70.0%
	研究室	8	20.0%	40.0%
	教室	6	15.0%	30.0%
合計		40	100.0%	200.0%

a. 2 分グループを値 1 で集計します。

複数回答のときは、〔ケースのパーセント〕の数値のほうを重視するのが一般的である。たとえば、20人のうち10人が「価格」を選んでいれば、10÷20 で 50%と計算される。

例題 3-7

つぎに示すようなアンケートを10人に実施した結果、データ表に示すような回答結果が得られた。単純集計せよ。

（質問3）あなたが製品Xの色として、好ましいと思う色をいくつでも結構ですのであげてください。

（　　　　　　　　　　　　　　　　　　　）

データ表

回答者	質問3			
1	白			
2	白	赤		
3	赤			
4	黒	白	赤	青
5	白	青		
6	白	青	赤	
7	緑			
8	白	黒		
9	緑	赤		
10	青	白		

■ SPSSによる解法

手順1 データの入力

質問3のような場合はどのような色が書かれるかわからないので、選択肢を変数とする方法は全員の回答を見るまでわからない。そこで、このままの形式で入力する。

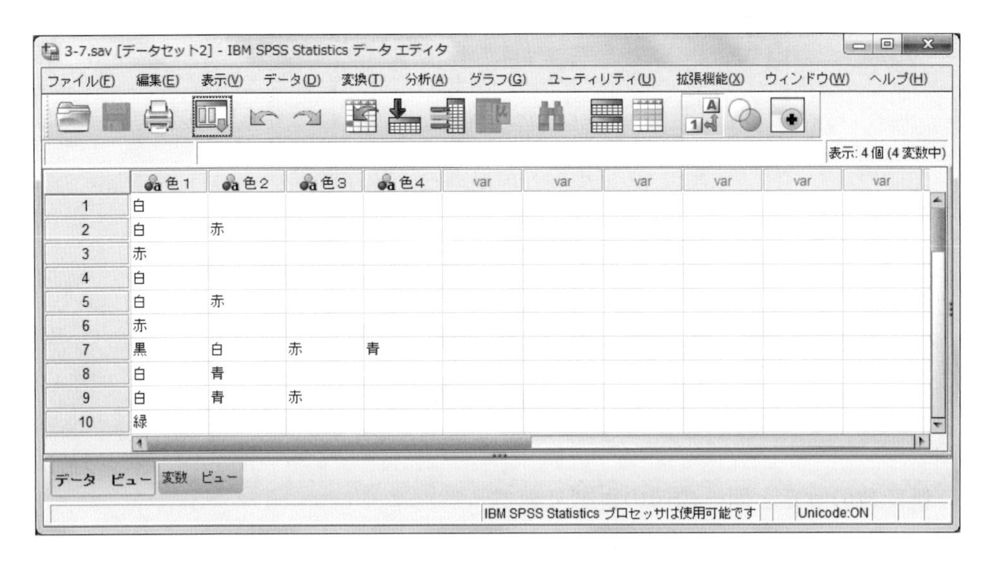

	色1	色2	色3	色4	var	var	var	var	var	var
1	白									
2	白	赤								
3	赤									
4	白									
5	白	赤								
6	赤									
7	黒	白	赤	青						
8	白	青								
9	白	青	赤							
10	緑									

手順2 データの数値化

このままでは多重回答の集計ができないので、数値化をする。

メニューの〔変換〕－〔連続数への再割り当て〕を選択する。

3-7.sav [データセット2] - IBM SPSS Statistics データ エディタ

ファイル(F) 編集(E) 表示(V) データ(D) 変換(T) 分析(A) グラフ(G) ユーティリティ(U) 拡張機能(X) ウィンドウ(W) ヘルプ(H)

表示: 4 個 (4 変数中)

変数の計算(C)...
プログラマビリティの変換...
出現数の計算(O)...
シフト値(F)...
同一の変数への値の再割り当て(S)...
他の変数への値の再割り当て(R)...
連続数への再割り当て(A)...
ダミー変数を作成
連続変数のカテゴリ化(B)...
最適カテゴリ化(I)...
モデル作成のデータ準備(P)

	色1	色2	色	var	var	var
1	白					
2	白	赤				
3	赤					
4	白					
5	白	赤				
6	赤					
7	黒	白	赤			
8	白	青				

つぎのようなダイアログボックスが現れる。

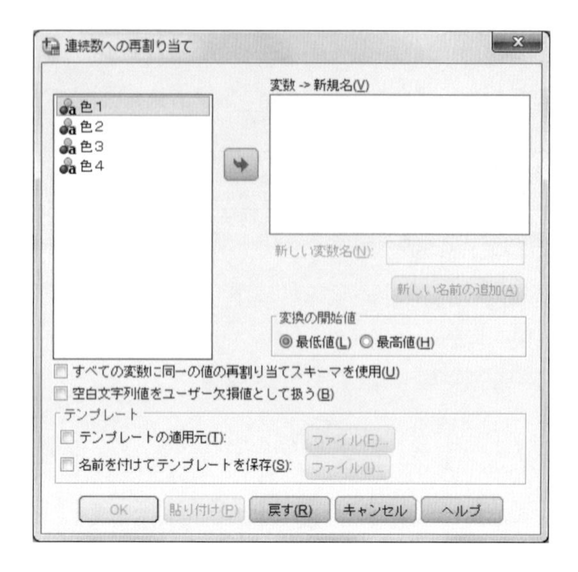

手順3 新変数の設定と同一の値の再割り当て

新しい変数をつぎのように設定する。

入力されている列が異なっていても、色が同じであるならば、同じ数値を割り付けなくては意味がないので、〔すべての変数に同一の値の再割り当てスキーマを使用〕にチェックを入れて〔ＯＫ〕をクリックする。

つぎのように数値化される。

1
2 → 黒
3 → 青
4 → 赤
5 → 白
6 → 緑

空白にも数値（この例では１）が割り付けられている。

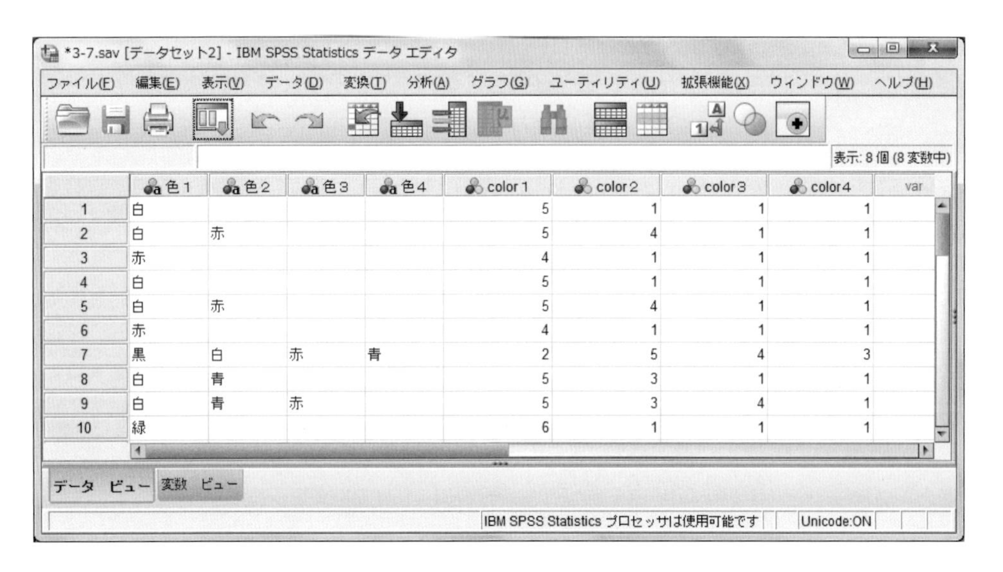

	色1	色2	色3	色4	color1	color2	color3	color4	var
1	白				5	1	1	1	
2	白	赤			5	4	1	1	
3	赤				4	1	1	1	
4	白				5	1	1	1	
5	白	赤			5	4	1	1	
6	赤				4	1	1	1	
7	黒	白	赤	青	2	5	4	3	
8	白	青			5	3	1	1	
9	白	青	赤		5	3	4	1	
10	緑				6	1	1	1	

手順 4　変数のグループ化

メニューの〔分析〕－〔多重回答〕－〔変数グループの定義〕を選択する。

右のダイアログボックスが現れる。

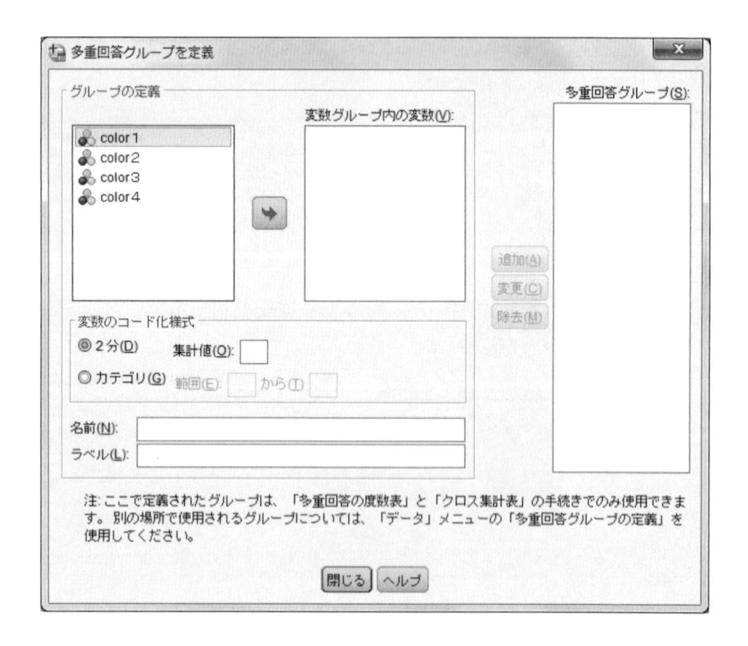

手順 5　変数の選択とグループの定義

1つのグループにまとめたい変数を選択する。ここでは、4つの変数（color 1、color 2、color 3、color 4）を選択する。

カテゴリ（回答した色）をデータとして入力しているので、〔変数のコード化様式〕では〔カテゴリ〕を選び、〔範囲〕のボックスに「2」から「6」と入力する。

1つのグループにまとめたときのグループ名を〔名前〕のボックスの中に入力する。ここでは「color」としておく。

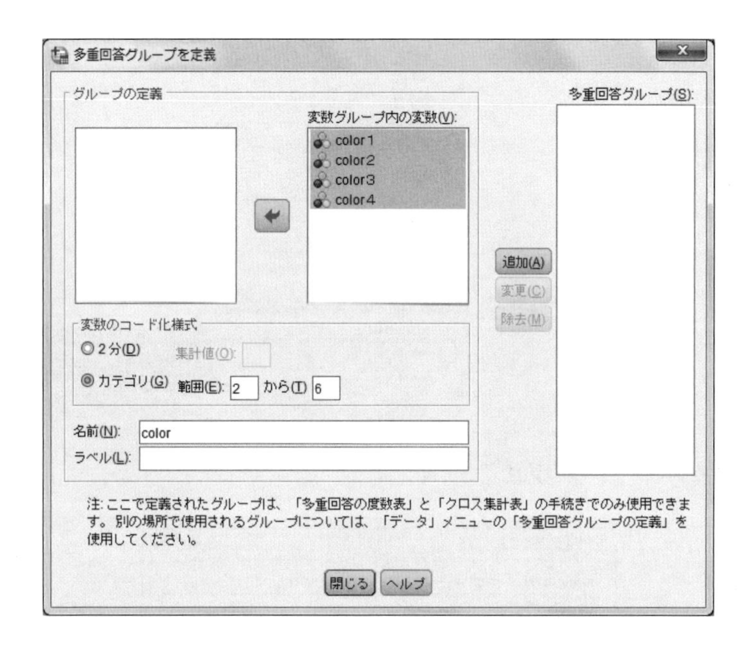

「color」という名前を付けて〔追加〕をクリックすると、〔多重回答グループ〕のボックスの中に「$color」が現れる。これでグループ化は完了である。

〔閉じる〕をクリックする。

手順 6　度数分布表の選択

メニューの〔分析〕－〔多重回答〕－〔度数分布表〕を選択する。

つぎのダイアログボックスが現れる。

〔多重回答グループ〕のボックス内にある「$color」を選択して、〔テーブル〕に投入する。

ここで〔ＯＫ〕をクリックすると集計結果が得られる。

■ 単純集計の結果

$color 度数分布表

		応答数		ケースのパーセント
		度数	パーセント	
$color[a]	黒	1	5.6%	10.0%
	青	3	16.7%	30.0%
	赤	6	33.3%	60.0%
	白	7	38.9%	70.0%
	緑	1	5.6%	10.0%
合計		18	100.0%	180.0%

a. グループ

〔ケースのパーセント〕の値から、回答者の 10.0%が黒を選択していることがわかる。一方、〔パーセント〕の値から、選ばれた色の中の 5.6%は黒であることがわかる。

3−2 クロス集計の方法

例題 3-8

例題３－６における質問同士のクロス集計を行え。

■ ＳＰＳＳによる解法

複数回答の質問同士のクロス集計を実施する手順を示そう。

手順 1 クロス集計表の選択

メニューの〔分析〕－〔多重回答〕－〔クロス集計表〕を選択する。

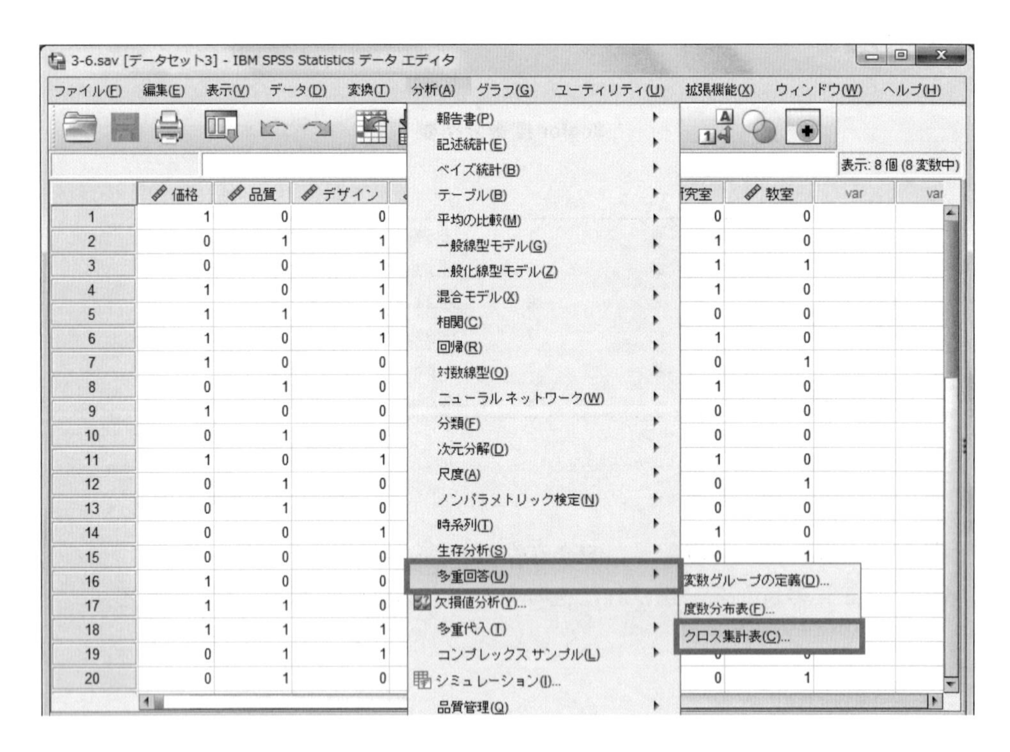

つぎのようなダイアログボックスが現れる。

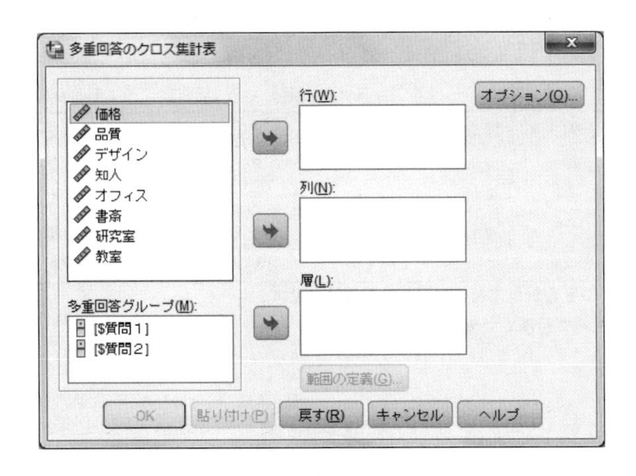

手順2 **クロス集計表の選択**

〔多重回答グループ〕のボックス内にある「$質問1」を〔行〕、「$質問2」を〔列〕に選択する。

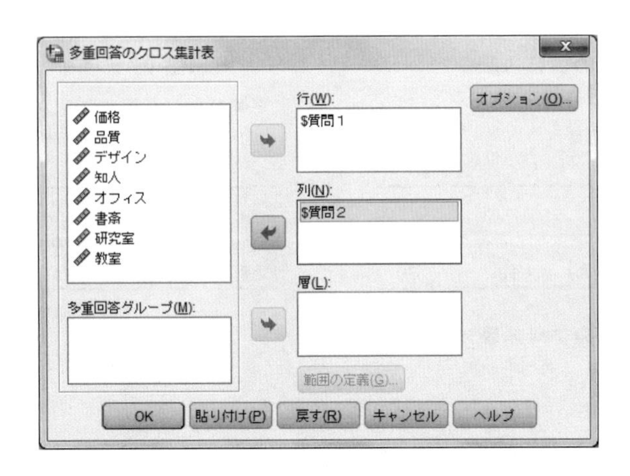

ここで〔OK〕をクリックするとクロス集計の結果が得られる。

■ クロス集計の結果

$質問１*$質問２ クロス表

			$質問２ª				
			オフィス	書斎	研究室	教室	合計
$質問１ª	価格	度数	6	8	4	2	10
	品質	度数	7	8	3	2	10
	デザイン	度数	5	6	6	1	9
	知人	度数	9	10	5	4	14
合計		度数	12	14	8	6	20

パーセンテージと合計は応答者数を基に計算されます。

a. 2 分グループを値１で集計します。

複数回答の質問を組み合わせたクロス集計表は見方に注意する必要がある。たとえば、行計の値は、クロス集計表における各行の合計値とは一致しない。ここに表示される行計の値は質問１の単純集計の値となる。同様に列計の値も各列の合計値ではなく、質問２の単純集計の値となる。

複数回答の場合は、このようなクロス集計表のほかに、選択肢同士のクロス集計も意味がある場合が多い。たとえば、つぎのようなクロス集計表を作成することで、価格を選ぶ人は他にどのような選択肢を選ぶ傾向があるかを把握することができる。

価格 と 品質 のクロス表

度数

		品質		
		0	1	合計
価格	0	3	7	10
	1	7	3	10
合計		10	10	20

価格 と デザイン のクロス表

度数

		デザイン		
		0	1	合計
価格	0	6	4	10
	1	5	5	10
合計		11	9	20

価格 と 知人 のクロス表

度数

		知人		
		0	1	合計
価格	0	4	6	10
	1	2	8	10
合計		6	14	20

補注：ヒストグラムについて

ヒストグラムにおける区間の決め方は、いろいろなパターンが考えられる。また、区間の幅が変われば、ヒストグラムの形も変わる。ここで、例題３－４のデータを使って、

- 区間の数６、区間の幅５
- 区間の数６、区間の幅６
- 区間の数７、区間の幅５

としたときのヒストグラムを紹介する。

(1) 区間の数６、区間の幅５の場合（p. 75参照）

度数分布表（1）

区間				度数	存在するデータ						
15.5	≦	<	20.5	3	18	20	20				
20.5	≦	<	25.5	3	22	23	25				
25.5	≦	<	30.5	0							
30.5	≦	<	35.5	5	32	32	35	35	35		
35.5	≦	<	40.5	7	36	38	38	39	40	40	40
40.5	≦	<	45.5	2	42	45					

区間の数　6　区間の幅　5　　　最小値　18　最大値　45

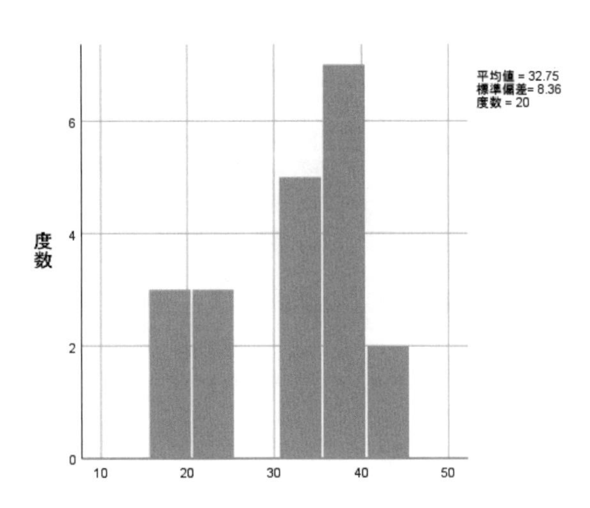

(2) 区間の数６、区間の幅６の場合

度数分布表(2)

区間				度数	存在するデータ					
15	≦	<	21	3	18	20	20			
21	≦	<	27	3	22	23	25			
27	≦	<	33	2	32	32				
33	≦	<	39	6	35	35	35	36	38	38
39	≦	<	45	5	39	40	40	40	42	
45	≦	<	50	1	45					

区間の数　6　区間の幅　6　　最小値　18　最大値　45

度数分布表（2）のヒストグラムは以下のようになる。

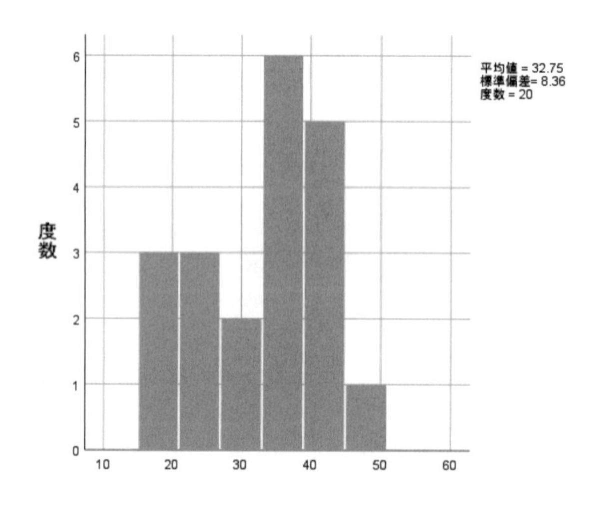

(3) 区間の数７、区間の幅５の場合

度数分布表(3)

区間				度数	存在するデータ						
15	≦	<	20	1	18						
20	≦	<	25	4	20	20	22	23			
25	≦	<	30	1	25						
30	≦	<	35	2	32	32					
35	≦	<	40	7	35	35	35	36	38	38	39
40	≦	<	45	4	40	40	40	42			
45	≦	<	50	1	45						

区間の数　7　区間の幅　5　　　最小値　18　最大値　45

度数分布表（3）のヒストグラムは以下のようになる。

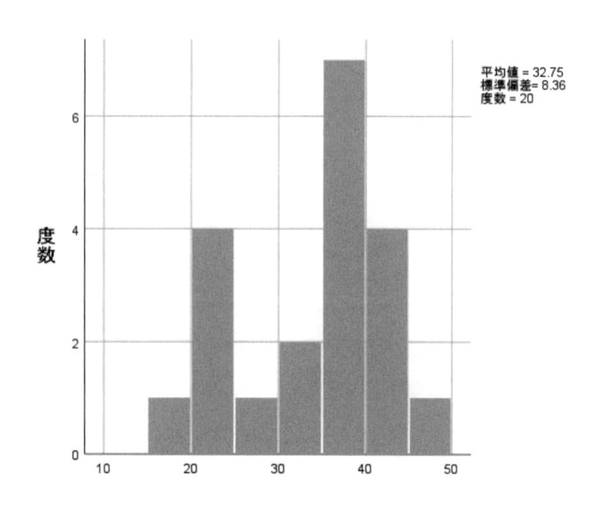

●区間の数と区間の幅の決め方

区間の数の決め方は、つぎの２つの方法がよく使われている。

・データ数 n の平方根を目安とする方法

（この例では 20 の平方根なので、4 あるいは 5 ）

・$1+\log_2 n=1+3.322\log_{10} n$ を目安とする方法

（スタージェスの公式といわれるもので、この例では 5 あるいは 6 ）

また、区間の幅の目安として、JISでは 1, 2, 5, 10（10, 20, 50 または 0.1, 0.2, 0.5 など）となるようにするのがよいとされている。

●ドットプロットの使用

ところで、ヒストグラムは本来、データの数が多い（50 以上）ときに適した手法であり、このようにデータの数が 20 程度と少ないときには、以下のようなドットプロットを使用するとよい。

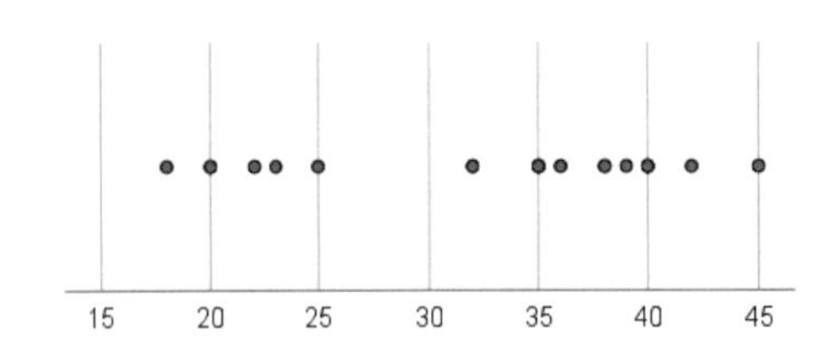

ドットプロット（平面型）

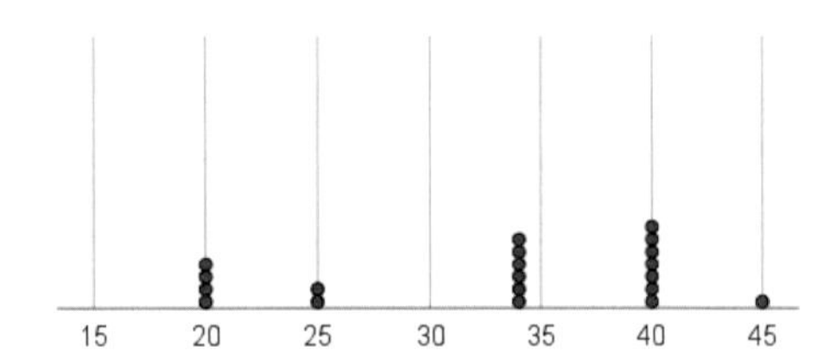

ドットプロット（非対称型）

【ドットプロットの手順】

手順①　メニューの〔グラフ〕－〔レガシーダイアログ〕－〔散布図/ドット〕を選択。

手順②　〔シンプルドット〕－〔定義〕を選択。

手順③　「質問４」を〔Ｘ軸変数〕に投入して、〔オプション〕で〔平面〕または〔非対称〕を選択する。〔続行〕をクリック。

手順④　もとの画面に戻ったら、〔ＯＫ〕。

第4章 比率の解析

§1 比率に関する検定と推定

§2 比率の差に関する検定と推定

§1 比率に関する検定と推定

1−1 比率に関する検定

例題 4-1

　あるホテルでは従来から宿泊客を対象にアンケートを実施している。アンケートで調べている項目の中に宿泊を予約するときの電話対応があり、電話対応に何らかの不満を持つ人の比率は従来 15%であった。

　今回、顧客の不満を低減するために予約担当者を集めて教育を行った。教育後、宿泊客 100 人を調査したところ、7 人が不満を持っていた。

　不満率（不満を持つ人の比率）は従来の 15%よりも低くなったといえるだろうか。

■ **考え方**

　この例題が問題にしているのは標本（100 人）の不満率が 15%より低いかどうかではなく、母集団の不満率が 15%より低いかどうかである。

　たとえば、20 歳以上の日本人を対象にある政策に賛成か反対かのアンケートを実施したとする。母集団（20 歳以上の日本人）全員から意見を聞くことは不可能なので、一部の人を何人か選んで賛成か反対かを聞いたところ、賛成と答えた人の比率が 55%であったとしよう。55%という数値は母集団の一部（標本）から得られた比率であり、母集団すべてを調べたときの比率ではない。そこで、母集団の比率は 50%を超えると考えてよいか、母集団の比率はいくつぐらいかといった問題が生じる。

　この問題を解決するのに使われる方法が**検定**と**推定**という統計的方法である。ちなみに、母集団の比率のことを**母比率**（**母割合**または**母百分率**）という。

■ 検定の論理

最初にこの例題における母集団の不満率が15%であると仮定してみよう。もしもこの仮定が正しいならば、母集団から取られた標本の比率も15%に近い値を示すはずである。

しかし、15%ちょうどになるとは限らない。なぜならば、母集団すべての人を調べたのではなく、一部の人のデータでしかないために誤差が生じるからである。そこで、100人の不満率が15%でない場合には、15%との差が誤差の範囲なのか、誤差の範囲を超えているのかが問題になる。誤差の範囲を超えているならば、母集団の不満率は15%ではないと考える。このような論理でデータを解析する方法が仮説検定である。

仮説検定では、最初につぎのような２つの仮説を立てる。

仮説０：母集団の不満率πは15%である。
仮説１：母集団の不満率πは15%ではない。

そして、この２つの仮説のどちらが成立している可能性が高いかをデータにもとづいて確率的に判断する。

仮説０のことを**帰無仮説**といい、H_0という記号で表す。仮説１のことを**対立仮説**といい、H_1という記号で表す。仮説０と１を仮説検定の習慣で表現すると、

帰無仮説H_0 : $\pi = 0.15$
対立仮説H_1 : $\pi \neq 0.15$

となる。

検定では最初に帰無仮説H_0が正しいと仮定する。つぎに、その仮定のもとで実際に得られた現象（たとえば、不満を感じる人が100人中７人以下）がどのくらいの確率で発生するかを計算する。この確率を**有意確率**または***p*値**という。有意確率が小さいならば、最初に帰無仮説H_0が正しいと仮定したことが誤りであったと考えて、帰無仮説H_0を棄却し、対立仮説H_1を採択する。逆に、有意確率が小さくないならば、帰無仮説H_0を棄却しないという進め方をする。

ここで「有意確率が小さいかどうか」という判定には、５%という基準が使われることが多い。５%以下であれば小さいとみなそうということである。５%というのは絶対的なものではなく、１%でも10%でもかまわない。有意確率が小さいかどうかを判定する基準のことを**有意水準**と呼び、αという記号で表す。

■ 検定の一般的な手順

手順１　仮説の設定

帰無仮説H_0：$\pi = \pi_0$　　　（π_0 は検証したい比率の値）
対立仮説H_1：$\pi \neq \pi_0$
（または　$\pi > \pi_0$）
（または　$\pi < \pi_0$）

この例題では、母比率が小さくなったかどうかが興味の対象であるから、

帰無仮説H_0：$\pi = 0.15$
対立仮説H_1：$\pi < 0.15$

となる。

手順２　有意水準αの設定

有意水準$\alpha = 0.05$

手順３　有意確率（p値）の計算

手順４　判定

① 対立仮説H_1が　$\pi \neq \pi_0$　の場合

有意確率（両側）≦ 有意水準α　→　帰無仮説H_0を棄却する
有意確率（両側）＞ 有意水準α　→　帰無仮説H_0を棄却しない

② 対立仮説H_1が　$\pi > \pi_0$（または　$\pi < \pi_0$）の場合

有意確率（片側）≦ 有意水準α　→　帰無仮説H_0を棄却する
有意確率（片側）＞ 有意水準α　→　帰無仮説H_0を棄却しない

■ 両側仮説と片側仮説

対立仮説が $\pi \neq \pi_0$ と設定される仮説を**両側仮説**と呼び、$\pi > \pi_0$ または $\pi < \pi_0$ と設定される仮説を**片側仮説**と呼ぶ。

$\pi > \pi_0$ という対立仮説を設定するのは、つぎのような状況のときに限られる。

（1） $\pi < \pi_0$ となることが理論的にあり得ない。
（2） $\pi < \pi_0$ であることを検証することに意味がない。

逆に、$\pi < \pi_0$ という対立仮説を設定するのは、つぎのような状況のときに限られる。

（3） $\pi > \pi_0$ となることが理論的にあり得ない。
（4） $\pi > \pi_0$ であることを検証することに意味がない。

帰無仮説を棄却するかどうかの判定には、片側仮説の検定のときには、片側の有意確率が用いられ、両側仮説の検定のときには両側の有意確率が用いられる。

■ ＳＰＳＳによる解法

手順 1 データの入力

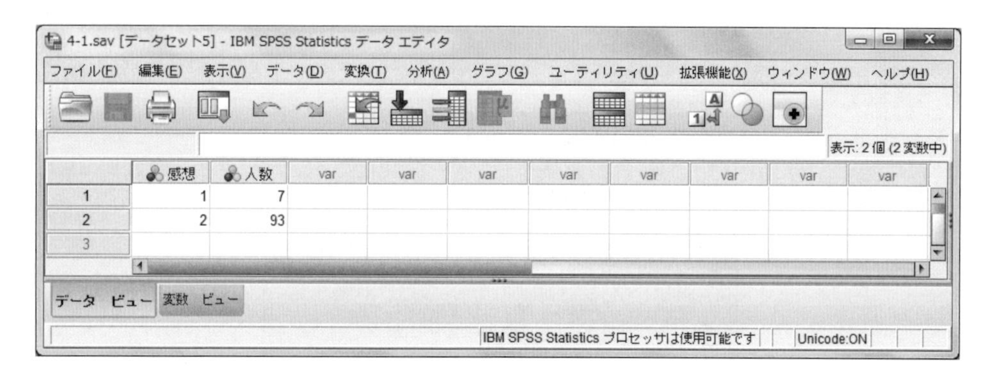

（注） 「感想」に 1＝不満、2＝満足 と値ラベルを付けておくと（p. 44参照）、結果がわかりやすくなる。ただし、値ラベルの有無は計算結果には影響を与えない。本書では、値ラベルを付けて手順2以降を説明する。

手順 2　度数変数の宣言

メニューの〔データ〕－〔ケースの重み付け〕を選択する。

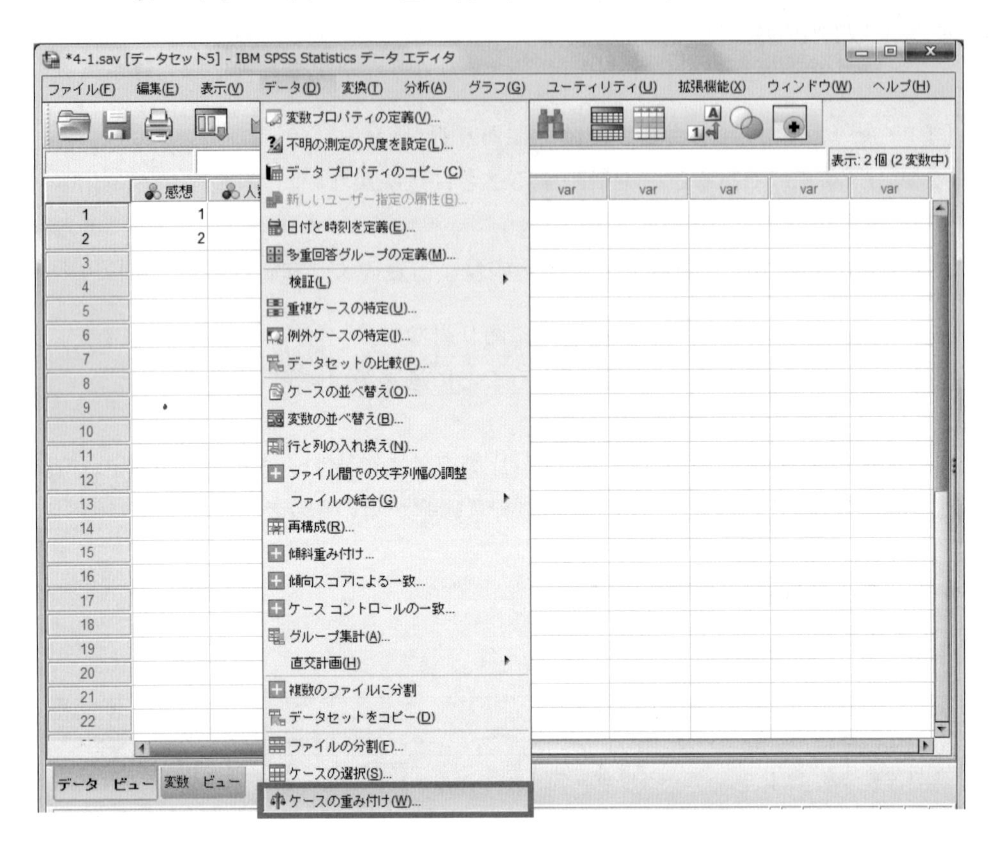

つぎのようなダイアログボックスが現れる。

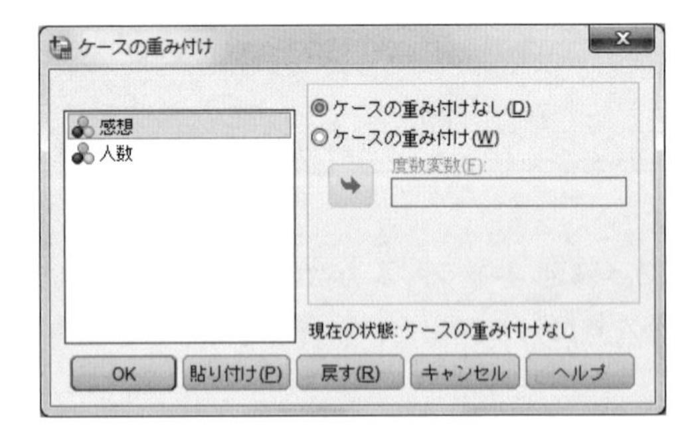

〔ケースの重み付け〕を選択し、〔度数変数〕として「人数」を投入する。

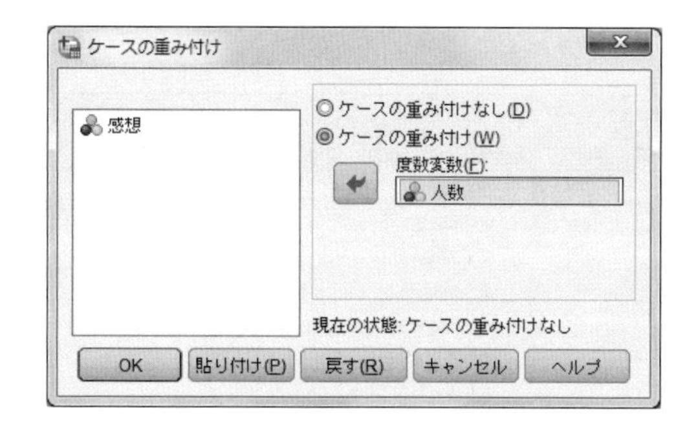

〔ＯＫ〕をクリックする。

この作業は入力したデータ（7と93）が度数を表していることを宣言するためである。この作業を行わないと何かの測定データが単に２個あるものとして処理されてしまう。

ケースの重み付けを行うと、画面右下に〔重み付きオン〕という表示が現れる。

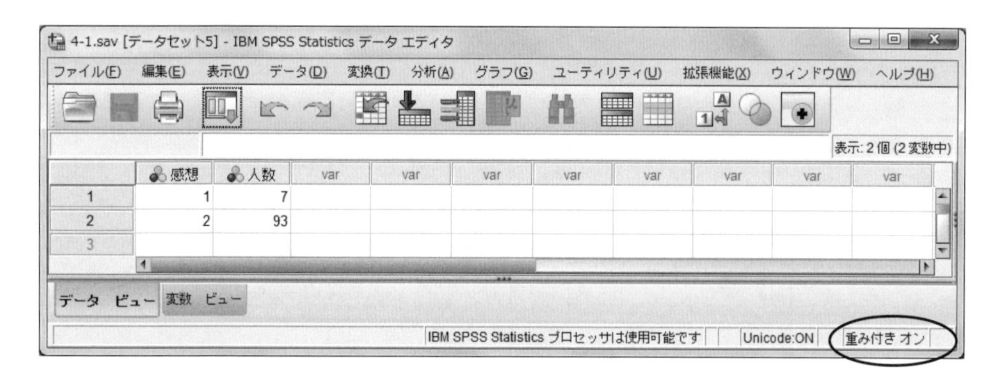

手順 3　二項検定の選択

メニューの〔分析〕－〔ノンパラメトリック検定〕－〔過去のダイアログ〕－〔２項〕を選択する。

つぎのようなダイアログボックスが現れる。

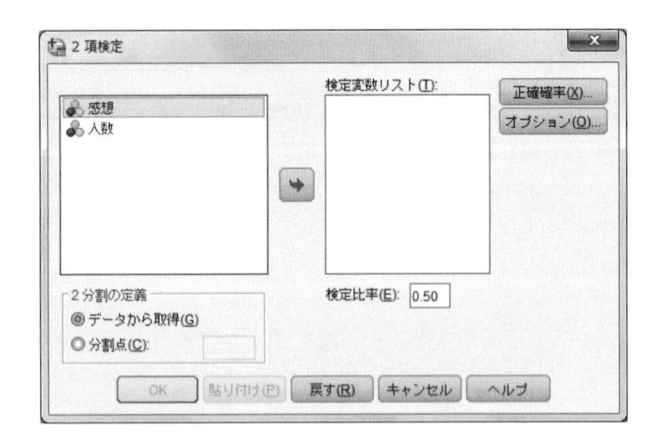

(注) 〔正確確率〕のボタンは、オプションの Exact Tests を導入していると機能する。

手順 4 検定変数の選択

〔検定変数リスト〕に「感想」を投入する。

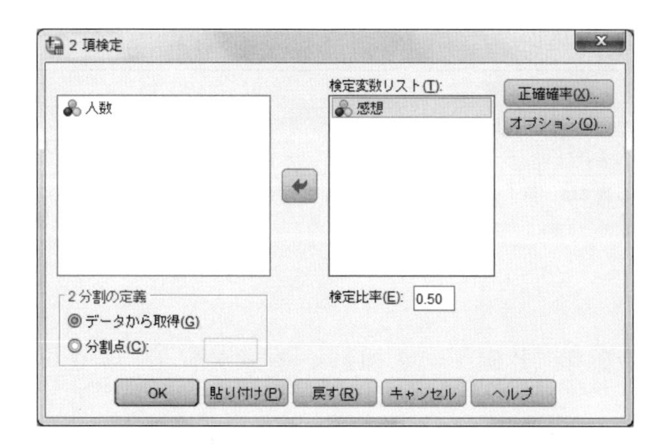

手順 5 検定比率の設定

〔検定比率〕に仮説で検証しようとしている比率の値（この例題では 0.15 ）を入力する。

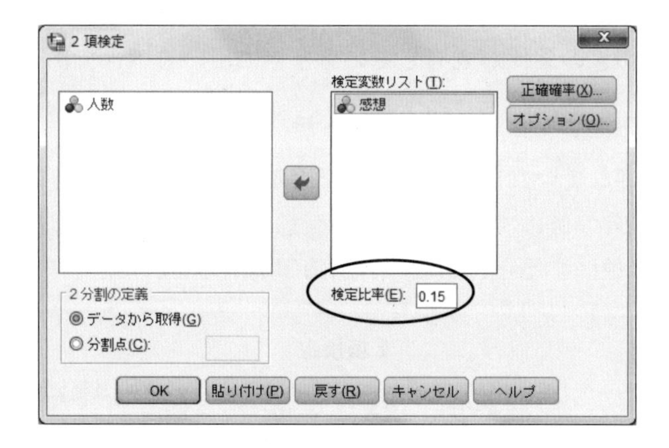

〔ＯＫ〕をクリックすると、二項検定の結果が得られる。

■ 二項検定の結果

2 項検定

		カテゴリ	度数	観測比率	検定比率	正確な有意確率 (片側)
感想	グループ 1	不満	7	.07	.15	.012[a]
	グループ 2	満足	93	.93		
	合計		100	1.00		

a. 対立仮説では、第 1 グループのケースの比率が < .15 であると 述べられています。

■ 結果の見方

$$有意確率（片側） = 0.012 < 有意水準\ \alpha = 0.05$$

であるから、帰無仮説 H_0 は棄却される。すなわち、母集団の不満率は低下したといえる。

■ 利用上の注意

二項検定の注意点を以下に示す。

① 有意確率の計算方法には正規近似法と正確確率法がある。
正規近似法は、つぎの条件が成立しているときに用いるべきである。

$$n\pi_0 \geqq 5 \text{、} \quad n(1-\pi_0) \geqq 5$$

この条件が満たされていないときには、正確確率法を用いるべきである。

② 検定比率を0.5以外の値にすると、片側の有意確率が出力される。

③ 検定比率を0.5の値にすると、両側の有意確率が出力される。

2 項検定

		カテゴリ	度数	観測比率	検定比率	正確な有意確率 (片側)
感想	グループ 1	不満	7	.07	.15	.012[a]
	グループ 2	満足	93	.93		
	合計		100	1.00		

a. 対立仮説では、第 1 グループのケースの比率が < .15 であると 述べられています。

(注1) 検定比率を 0.5 とする二項検定は符号検定とも呼ばれている。

(注2) データの総数が 26 以上のときは〔**漸近有意確率**〕および〔**Z値の近似に基づく**〕と表示されるバージョンもあるが、著者が検証した限りにおいては、現行のバージョンでは、常に正確確率法により計算されていると考えられる。

■ 原データ（生データ）による方法

例題4－1は回答結果を集計した数値から解析を始めている。ＳＰＳＳでは集計前の原データに対しても、同じ検定を行うことができる。そのためには、つぎに示すように、100人分の回答を100行入力しておけばよい。

入力後の検定手順は集計データとまったく同じである。また、集計データのように度数変数の定義（p. 116）をする必要はない。

	感想	var	var	var	var	var	var	var	var	var
1	1									
2	1									
3	2									
4	2									
5	1									
6	2									
7	1									
8	2									
9	1									
10	2									
11	1									
12	2									
13	1									
14	2									
15	2									

1が7行、2が93行
（100行入力する）

(注1) **「感想」**に　1＝不満、2＝満足　と値ラベルを付けておくと、結果がわかりやすくなる。ただし、値ラベルの有無は計算結果には影響を与えない。

(注2) **「感想」**の数値を1と2で入力せずに、1と0で入力してもよい。

(注3) 注目している結果の事象を1行目に入力する必要がある。

たとえば、この例題の場合、

①集計結果を入力するならば、度数変数（2列目）の1行目に7、2行目に 93 と入力する。

（1行目に 93、2行目に7と入力すると、93％と検定値15％を比べることになってしまう）

②集計前の原データを入力するならば、**「感想」**の1行目を1と入力する。

1−2　比率に関する推定

例題 4-2

例題４－１における母集団の不満率を推定せよ。

■ 考え方

検定では母比率πがある値に等しいかどうか、あるいは、ある値より大きいかどうかといったことを問題にしてきた。

たとえば、

$$帰無仮説H_0 \ : \pi = 0.15$$

の検定において、H_1が採択されると、πは0.15とはいえないということがわかったことになる。その場合、つぎのステップとしては、「πはいくつぐらいなのか」ということが興味の対象になるのが自然であろう。この答えを出す手法が推定と呼ばれるものである。

母比率πはいくつぐらいなのかという問いに対して、

「πは a 近辺と推定される」

と答える推定方法を**点推定**という。標本の比率 $\hat{\pi}$ の値は母比率πの点推定値になる。

点推定は１つの値で推定するため、母比率の値を完全にあてる可能性は低い。そこで、

「πは b から c の間にあると推定される」

と答えれば、母平均をあてる可能性は高くなる。このように区間で推定する方法を**区間推定**と呼ぶ。本例題では母比率の区間推定を行う。

区間推定を使うと、その区間が母比率πを含む確率も明らかにすることができる。区間推定の結論は、つぎのような形式で表現される。

$$b \leqq \pi \leqq c \quad (信頼率95\%)$$

$b \leqq \pi \leqq c$ を母比率の **95%信頼区間**といい、b を**信頼下限**、c を**信頼上限**という。

信頼率が 95%であるというのは、この区間が母比率を含む確率が 95%であるということを意味している。信頼率は目的に応じて自由に設定できるが、通常は 95%にすることが多い。99%や 90%という信頼率も使われることがある。信頼率を高くすると、信頼区間の幅は広くなり、信頼率を下げると、信頼区間の幅は狭くなる。

■ 母比率の区間推定

信頼率（$1-\alpha$）×100%の信頼区間は正規分布近似を利用して、つぎのように求める。

< 信頼下限 π_L >

$$\pi_L = \hat{\pi} - u(\alpha)\sqrt{\frac{\hat{\pi}(1-\hat{\pi})}{n}}$$

< 信頼上限 π_U >

$$\pi_U = \hat{\pi} + u(\alpha)\sqrt{\frac{\hat{\pi}(1-\hat{\pi})}{n}}$$

n はサンプルサイズ、$\hat{\pi}$ は標本の比率、$u(\alpha)$は標準正規分布における100×αパーセント点を意味する。また、95%信頼区間を求めるときには $u(\alpha)=1.96$ として計算する（90%では 1.65、99%では 2.58 となる）。

一方、ＳＰＳＳでは二項分布あるいはＦ分布を用いた正確な方法（近似的でない方法）で求めることができる。

■ ＳＰＳＳによる解法

手順 1　二項検定

メニューの〔分析〕－〔ノンパラメトリック検定〕－〔１サンプル〕を選択する。

つぎのダイアログボックスが現れる。

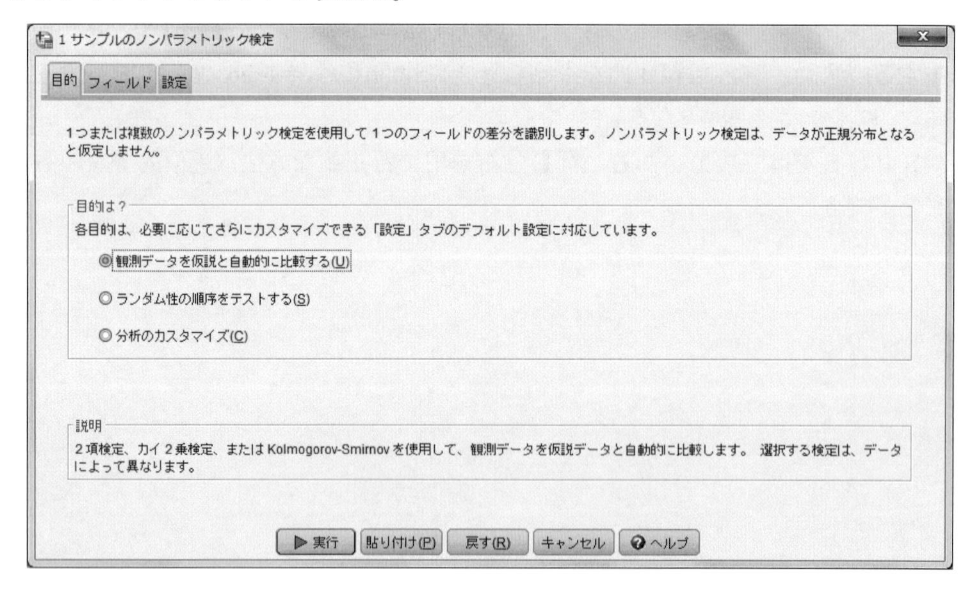

ここで、〔設定〕タブを選び、〔検定のカスタマイズ〕の中の〔観測された２値の確率を仮説と比較する（２項検定）〕を選んで、〔オプション〕をクリックする。

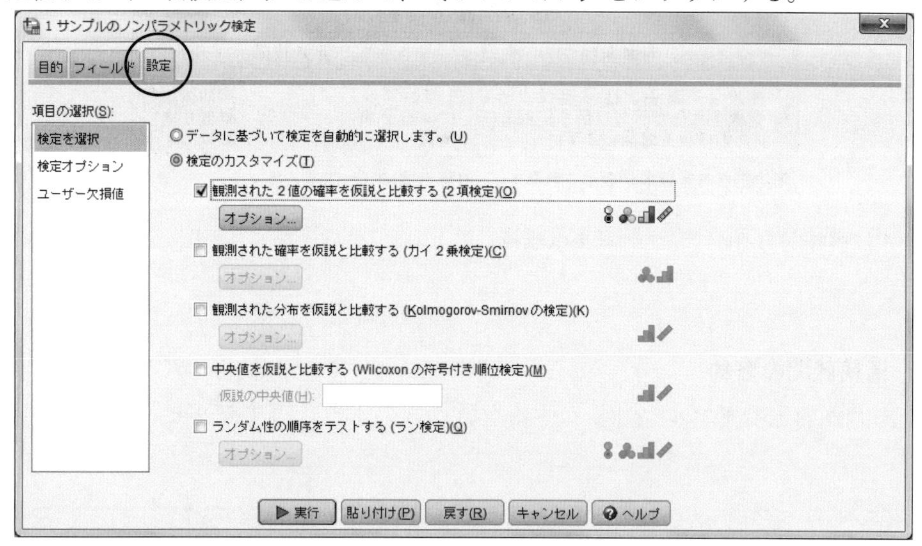

手順 2　正確な信頼区間を設定

〔Clopper-Pearson（正確）〕を選び、〔ＯＫ〕をクリックする。

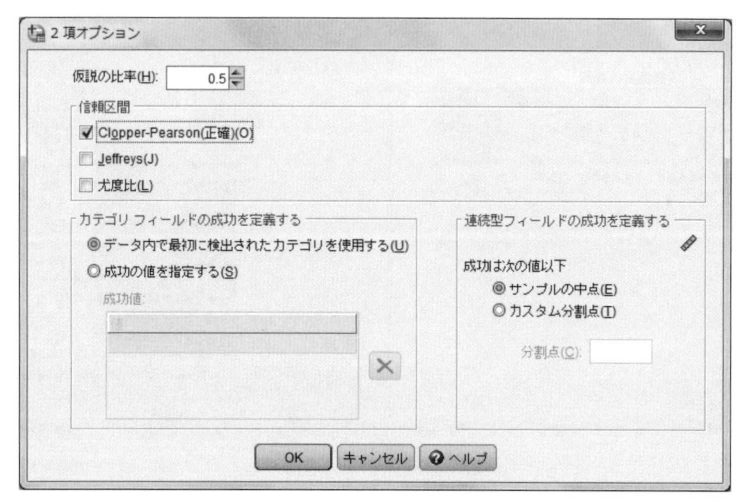

（注）推定に興味があるので、「仮説の比率」は0.5のままでよい。0.15としてもよい。

前の画面にもどるので、〔実行〕をクリックする。以下のような結果が出力される。

仮説検定の要約

	帰無仮説	テスト	有意確率	決定
1	感想 = 不満 および 満足 によって定義されたカテゴリが 0.5 および 0.5 の確率で発生します。	1 サンプルによる 2 項検定	.000	帰無仮説を棄却します。

漸近的な有意確率が表示されます。 有意水準は .05 です。

（注）推定に興味があるので、この結果は無視してよい。

手順 3 信頼区間の要約

結果を出力画面上でダブルクリックすると、つぎのような〔モデルビューア〕という画面が現れる。

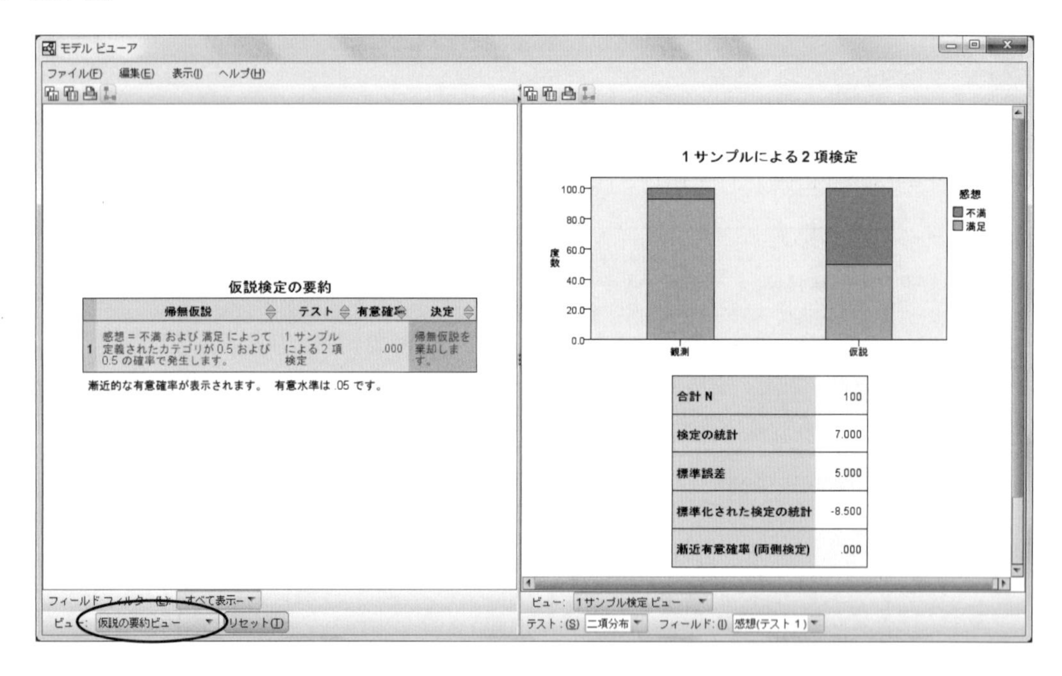

画面下の〔仮説の要約ビュー〕を〔信頼区間の要約ビュー〕に変える。

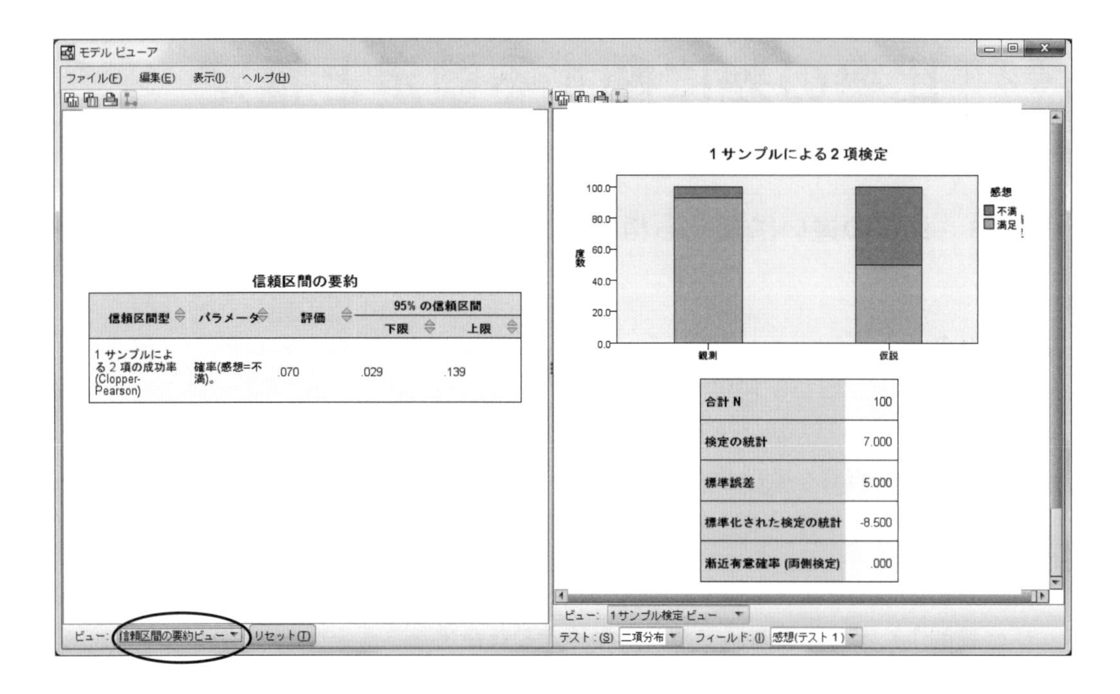

〔モデルビューア〕画面を閉じると、結果が得られる。

■ 比率に関する推定の結果

信頼区間の要約

信頼区間型	パラメータ	推定	95% の信頼区間	
			下限	上限
1 サンプルによる 2 項の成功率 (Clopper-Pearson)	確率(感想=不満)。	.070	.029	.139

■ 結果の見方

母集団の不満率 π の95%信頼区間は

$$0.029 \leqq \pi \leqq 0.139 \quad (\text{信頼率}95\%)$$

と求められる。

§2 比率の差に関する検定と推定

2−1 比率の違いに関する指標

■ 比率の比較

ある教育機関でパソコンを利用する教育と利用しない教育の２つの方法で講習会を開催しているとしよう。２つの方法により教育の内容が変わることはなく、講師もまったく同じとする。また、両方の教育を受ける人はいない。

いま、講習会に不満を持っているかどうかを調査するために受講者200人につぎのようなアンケートを行った。

（質問１）どちらの方法で教育を受けましたか？
　　１．パソコンなし　　２．パソコンあり

（質問２）教育に不満を持っていますか？
　　１．不満あり　　２．不満なし

アンケート結果を集計したところ、つぎのような分割表に整理できた。パソコンを利用しない教育方法を A、パソコンを利用する教育方法を B と表示してある。

	不満あり	不満なし	合計
A	30	70	100
B	10	90	100
合計	40	160	200

ここで、 A で不満がある人の比率を $\hat{\pi}_A$、 B で不満がある人の比率を $\hat{\pi}_B$ と表すことにする。

$$\hat{\pi}_A = \frac{30}{100} = 0.3 \qquad \hat{\pi}_B = \frac{10}{100} = 0.1$$

この比率の違いをどのように評価すればよいか考えてみよう。

■ 差による評価

比率の違いを評価するには、つぎのように比率の「差」を見るのが一般的である。

$$\hat{\pi}_A - \hat{\pi}_B = 0.2$$

不満がある人の比率に着目せず、不満がない人の比率に着目するとどうなるだろうか。Aで不満がない人の比率を$\hat{\pi}_A'$、Bで不満がない人の比率を$\hat{\pi}_B'$と表すことにする。

$$\hat{\pi}_A' = 1 - \hat{\pi}_A = 0.7 \qquad \hat{\pi}_B' = 1 - \hat{\pi}_B = 0.9$$

したがって、不満がない人の比率の差は、

$$\hat{\pi}_A' - \hat{\pi}_B' = -0.2$$

となり、不満がある人の比率の差と不満がない人の比率の差は符号が逆になるだけで、差そのものは一致する。このことは、比率をどちらで見てもよいことを意味し、重要な性質である。

さて、表のデータを違う角度から眺めてみよう。不満がある人の中でAによる教育を受けた人の比率を $\hat{\pi}_1$ とし、不満がない人の中でAによる教育を受けた人の比率を $\hat{\pi}_2$ とする。

$$\hat{\pi}_1 = \frac{30}{40} = 0.75 \qquad \hat{\pi}_2 = \frac{70}{160} = 0.4375$$

この２つの比率の差はつぎのようになる。

$$\hat{\pi}_1 - \hat{\pi}_2 = 0.3125$$

この結果は先の比率の差 0.2 とは一致しない。したがって、比率の差を見るときには比率そのものを算出するときに何を分母としたかに注意する必要がある。

■ 比による評価

比率の違いを差ではなく、「比」で見ることも考えられる。

$$\frac{\hat{\pi}_A}{\hat{\pi}_B} = \frac{0.3}{0.1} = 3$$

Aによる教育を受けたグループのほうがBによる教育を受けたグループよりも不満の比率は3倍になっている。

ここで、差を考えたときと同様に不満がある人の比率に着目せず、不満がない人の比率に着目してみよう。このときの比はつぎのようになり、3分の1になるというわけではない。

$$\frac{\hat{\pi}_A'}{\hat{\pi}_B'} = \frac{0.7}{0.9} = 0.7777$$

差のときにはどちらの比率に注目しても問題はなかったが、比で見るとどちらの比率に注目したかで違いの程度が変わってしまうという問題がある。

■ オッズ

ある事象が発生した比率を$\hat{\pi}$とすると、発生しなかった比率は$1-\hat{\pi}$と表すことができる。

ここで、つぎの指標を考える。

$$\frac{\hat{\pi}}{1-\hat{\pi}}$$

これは発生した比率が発生しなかった比率の何倍になるかを計算したものであり、**オッズ**と呼ばれる指標である。

先の例でこのオッズがいくつになるかを計算してみると、つぎのようになる。

- Aによる教育を受けたグループ　$\frac{\hat{\pi}_A}{1-\hat{\pi}_A} = \frac{0.3}{0.7} = 0.42857$
- Bによる教育を受けたグループ　$\frac{\hat{\pi}_B}{1-\hat{\pi}_B} = \frac{0.1}{0.9} = 0.11111$

オッズは不満がある人の比率と不満がない人の比率の両方に着目した指標であるといえる。

また、オッズは医学統計の世界でよく使われる統計量である。

■ オッズ比による評価

比率の違いを見るのにオッズの比（**オッズ比**と呼ぶ）が使われることがよくある。

Aによる教育を受けたグループのオッズとBによる教育を受けたグループのオッズ比 ϕ は

$$\phi = \frac{\frac{0.3}{0.7}}{\frac{0.1}{0.9}} = 3.857$$

となり、これはAによる教育はBによる教育に比べて不満を持たせるリスクが3.857倍に上がることを意味している。

オッズ比が1であるということは、比較すべき2つの比率に違いがないことを意味している。この指標が便利なのは、不満がある人の中でAによる教育を受けた人の比率を $\hat{\pi}_1$ とし、不満がない人の中でAによる教育を受けた人の比率を $\hat{\pi}_2$ として、オッズ比を計算しても3.857となる点である。

オッズ比 ϕ はつぎのような公式で簡単に求めることができる。

	不満あり	不満なし	合計
A法	a	b	$n_1 = a + b$
B法	c	d	$n_2 = c + d$
合計	$m_1 = a + c$	$m_2 = b + d$	$n = a + b + c + d$

（a、b、c、d は人数を表す）

$$\phi = \frac{ad}{bc}$$

世論調査や市場調査では比率の比較に「差」が用いられることが多い。

2−2　比率の差に関する検定

例題 4-3

ある政策について、賛成か反対かのアンケートを 20 代の男性と女性を対象に行った。男性から 50 人、女性から 60 人を選んで聞き取りを行ったところ、男性は、50 人中 18 人が賛成であり、女性は 60 人中 11 人が賛成であった。男性の賛成率と、女性の賛成率には差があるといえるだろうか。

■ 考え方

２つの母集団の比率の違いは、比率の差で評価することが多い。観測された比率の差に統計的な意味があるかどうかの検討には、２つの母比率の差に関する検定が適用される。

この検定はデータをつぎのような分割表に整理することで χ^2 検定が適用できる。この具体的な方法は第５章で解説する。

	男	女
賛成	18	11
反対	32	49

■ 検定の仮説

この例題で検定しようとしている仮説は、つぎのように表される。

帰無仮説 H_0 : $\pi_A = \pi_B$

対立仮説 H_1 : $\pi_A \neq \pi_B$

ここに、π_A は男の母賛成率（母集団全体の賛成率）、π_B は女の母賛成率を表す。

例題 4-4

例題４－３において、男性と女性の母賛成率の差を推定せよ。

■ 区間推定

２つの母比率の差 $\pi_A - \pi_B$ の、信頼率（１－α）×100%の信頼区間は、つぎのように求める。

<信頼下限>

$$(\hat{\pi}_A - \hat{\pi}_B) - u(\alpha)\sqrt{\frac{\hat{\pi}_A(1-\hat{\pi}_A)}{n_A} + \frac{\hat{\pi}_B(1-\hat{\pi}_B)}{n_B}}$$

<信頼上限>

$$(\hat{\pi}_A - \hat{\pi}_B) + u(\alpha)\sqrt{\frac{\hat{\pi}_A(1-\hat{\pi}_A)}{n_A} + \frac{\hat{\pi}_B(1-\hat{\pi}_B)}{n_B}}$$

ここに、n_A は男性、n_B は女性のサンプルサイズを示し、$\hat{\pi}_A$ は 男性の賛成率、$\hat{\pi}_B$ は女性の賛成率、$u(\alpha)$ は標準正規分布における100×αパーセント点を意味する。

本例題の場合、男性と女性の母賛成率の差の95%信頼区間は、

$$0.0115 \leqq \pi_A - \pi_B \leqq 0.3419$$

となる。

2－3　独立でない比率の差に関する検定

例題 4-5

（質問）あなたはタブレット型パソコンを持っていますか？

A．持っている　　　B．持っていない

という質問を大学生 200 人にしたところ、つぎのような結果が得られた。

	持っている	持っていない	計
人数	110	90	200
比率	0.55	0.45	1

持っている人と持っていない人の比率に違いがあるといえるだろうか。

■ 考え方

持っている人の比率 $\hat{\pi}_A$ と持っていない人の比率 $\hat{\pi}_B$ を比較するのであるから、2つの比率の差を検定する問題になる。ただし、この例題は $\hat{\pi}_A$ が増えれば $\hat{\pi}_B$ は減り、$\hat{\pi}_A$ が減れば $\hat{\pi}_B$ は増えるという関係にあるため、２つの比率 $\hat{\pi}_A$ と $\hat{\pi}_B$ が独立でないところに注意する必要がある。このような関係にある２つの比率を**互いに従属**な関係という。

■ 二項検定の活用

さて、この例題の仮説は、つぎのように表現できる。

$$\text{帰無仮説 } H_0 : \pi_A = \pi_B$$
$$\text{対立仮説 } H_1 : \pi_A \neq \pi_B$$

ここに、π_A は持っている人、π_B は持っていない人の母比率を表す。

ところで、

$$\pi_A + \pi_B = 1$$

であるから、上記の仮説はつぎのように書き換えることができる。

帰無仮説 H_0 : $\pi_A = 0.5$

対立仮説 H_1 : $\pi_A \neq 0.5$

この形式で表現される仮説は、二項検定を使って検証できる。

■ 二項検定の結果

例題４－１と同じ手順になるので、検定結果のみ示すことにする。

2 項検定

		カテゴリ	度数	観測比率	検定比率	正確な有意確率 (両側)
パソコン	グループ 1	持っている	110	.55	.50	.179
	グループ 2	持っていない	90	.45		
	合計		200	1.00		

■ 結果の見方

有意確率（両側）$= 0.179 >$ 有意水準 $\alpha = 0.05$

であるから、帰無仮説 H_0 は棄却されない。すなわち、パソコンを持っている人と持っていない人の比率に差があるとはいえない。

例題 4-6

東京都内の大学に通う大学生から無作為に 200 人を抽出して、つぎのようなアンケートを行った。

（質問１）あなたはポータブルオーディオを持っていますか？
　　A．持っている　　B．持っていない

（質問２）あなたはタブレット型パソコンを持っていますか？
　　A．持っている　　B．持っていない

この回答結果をつぎのような２×２分割表に整理した。

		ポータブルオーディオ		
		持っている	持っていない	合計
タブレット型パソコン	持っている	80	40	120
	持っていない	30	50	80
	合計	110	90	200

（数字は人数を表す）

ポータブルオーディオを持っている人の比率とタブレット型パソコンを持っている人の比率に差があるといえるだろうか。

■ **考え方**

ポータブルオーディオを持っている人の比率 $\hat{\pi}_A$ と、タブレット型パソコンを持っている人の比率 $\hat{\pi}_B$ を比較したいのであるから、２つの比率の差を検定する問題になる。ただし、ポータブルオーディオとタブレット型パソコンの両方を持っている人が存在することに注意する必要がある。このような２つの比率は独立ではない。

ポータブルオーディオを持っている人の比率 $\hat{\pi}_A$ と、タブレット型パソコンを持っている人の比率 $\hat{\pi}_B$ はつぎのように算出される。

$$\hat{\pi}_A = \frac{80+30}{200} = \frac{110}{200}$$

$$\hat{\pi}_B = \frac{80+40}{200} = \frac{120}{200}$$

したがって、$\hat{\pi}_A$ と $\hat{\pi}_B$ の比較は、

ポータブルオーディオは持っているが、タブレット型パソコンは持っていない人 （30 人）

タブレット型パソコンは持っているが、ポータブルオーディオは持っていない人 （40 人）

の２つのグループの差を検討することになる。

このような２つの比率の差を検定する方法には二項検定と、対応のある２つの比率の差を検定するマクネマー（McNemar）の検定がある。

具体的な計算方法は第５章で紹介する。

2－4　適合度の検定

例題 4-7

　ある大学の学生を対象に、アンケートを計画した。学年ごとの人数は表１の通りである。

　アンケートを実施して、回答結果を集計したところ、学年ごとの回答者数は表２のようになった。

　回答者は調査対象（母集団）を代表しているといえるだろうか。

表１

1年	2年	3年	4年	合計
2000	3000	3000	2000	10000

表２

1年	2年	3年	4年	合計
43	59	65	49	216

■ 考え方

この大学の１年生の構成比率は、

$$\frac{2000}{10000} = 0.20$$

と求められる。同様にして、学年ごとの構成比率を計算すると、つぎのようになる。

1年	2年	3年	4年
0.2	0.3	0.3	0.2

　したがって、回答者が母集団を代表しているのであれば、200 人を学年ごとに分けた場合も同じ構成比率になり、つぎのような人数に近い値となるはずである。

1年	2年	3年	4年
40	60	60	40

この人数は元の構成比率から計算されたもので**期待度数**と呼ばれる。実際に得られた人数は表２であり、これは**実測度数**と呼ばれる。そこで、実測度数と期待度数の差が小さければ母集団を代表していると考え、差が大きければ代表していないと考えることにする。実測度数が期待度数に近いかどうかを判定するための方法として**適合度の検定**がある。

■ 適合度の検定

手順１　仮説の設定

帰無仮説 H_0：実測度数は期待度数と一致している
対立仮説 H_1：実測度数は期待度数と一致していない

手順２　有意水準 α の設定

有意水準 $\alpha = 0.05$

手順３　検定統計量 χ^2 値の計算

全体が g 個のグループに分けられているとし、各グループの実測度数を f_i、期待度数を t_i とする。

$$\chi^2 = \sum_{i=1}^{g} \frac{(t_i - f_i)^2}{t_i}$$

手順４　自由度 ϕ の計算

$$\phi = g - 1$$

手順５　有意確率（p 値）の計算

有意水準と比較する有意確率 p 値を計算する。p 値は自由度 ϕ の χ^2 分布において、χ^2 値以上の値となる確率である。

手順６　判定

有意確率 $\leqq$ 有意水準 α → 帰無仮説 H_0 を棄却する
有意確率 $>$ 有意水準 α → 帰無仮説 H_0 を棄却しない

■ SPSSによる解法

手順 1 データの入力

4-7.sav [データセット8] - IBM SPSS Statistics データ エディタ

ファイル(F) 編集(E) 表示(V) データ(D) 変換(T) 分析(A) グラフ(G) ユーティリティ(U) 拡張機能(X) ウィンドウ(W) ヘルプ(H)

表示: 2 個 (2 変数中)

	学年	人数	var	var	var	var	var	var	var	var	var
1	1	43									
2	2	59									
3	3	65									
4	4	49									

手順 2 度数変数の宣言

メニューの〔データ〕－〔ケースの重み付け〕を選択して、「人数」という変数を度数変数として設定する（p. 116 参照）。

手順 3 適合度の検定の実施

メニューの〔分析〕－〔ノンパラメトリック検定〕－〔過去のダイアログ〕－〔カイ２乗〕を選択する。

〔カイ２乗〕のダイアログボックスが現れるので、以下のような手順で実行する。

① 「学年」を〔検定変数リスト〕に投入する。

② 〔期待度数〕の〔値〕を選択する。

③ 〔値〕として、期待度数の入力と〔追加〕をくり返す。このときに入力の順番に注意する必要がある。期待度数の入力は原データの順に対応するように入力しなければいけない。ここでは、「40」「60」「60」「40」の順に入力する。

④ 〔ＯＫ〕をクリックする。

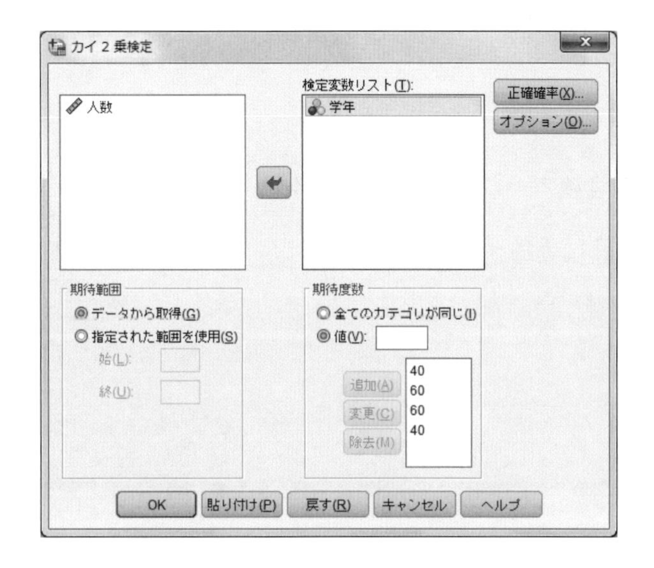

これで適合度のχ^2 検定の結果が得られる。

■ 適合度の χ^2 検定の結果

学年

	観測度数 N	期待度数 N	残差
1	43	43.2	-.2
2	59	64.8	-5.8
3	65	64.8	.2
4	49	43.2	5.8
合計	216		

検定統計量

	学年
カイ 2 乗	1.299[a]
自由度	3
漸近有意確率	.729

a. 0 セル (0.0%) の期待度数は 5 以下です。必要なセルの度数の最小値は 43.2 です。

■ 結果の見方

$$\text{有意確率} = 0.729 > \text{有意水準}\ \alpha = 0.05$$

なので、帰無仮説 H_0 は棄却されない。すなわち、回答者の集団は母集団比率を代表していないという根拠は得られない。

例題 4-8

（質問）あなたは商品A、B、C、Dの中でどれが最も好きですか？

という質問を大学生 200 人にしたところ、つぎのような結果が得られた。

	A	B	C	D	計
人数	75	55	39	31	200
比率	0.375	0.275	0.195	0.155	1

４つの商品の間には、好む人の比率に違いがあるといえるだろうか。

■ 考え方

4つの商品を好む人の母比率をπ_A、π_B、π_C、π_Dとすると、

$$H_0 : \pi_A = \pi_B = \pi_C = \pi_D$$

を検定する問題になる。これは例題4－7と同じように適合度のχ^2検定を適用することができる。

■ SPSSによる解法

手順1 データの入力

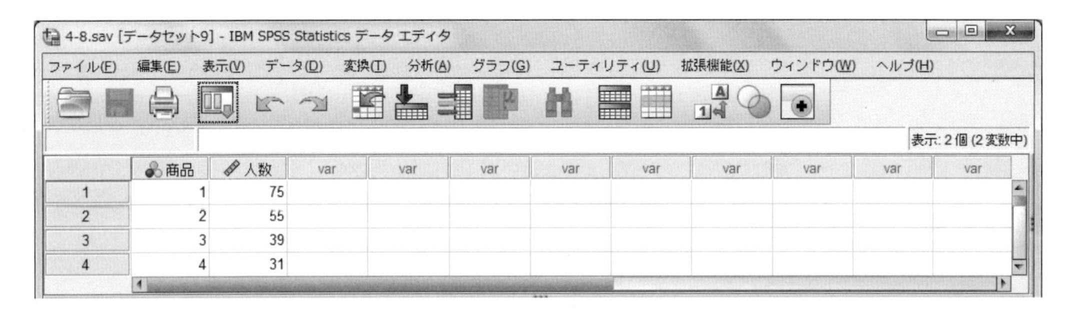

（注）「商品」に、1＝A、2＝B、3＝C、4＝D と値ラベルを付けておくと、結果がわかりやすくなる。ただし、値ラベルの有無は計算結果には影響を与えない。本書では、値ラベルを付けて手順2以降を説明する。

手順2 度数変数の宣言

メニューの〔データ〕－〔ケースの重み付け〕を選択して、「人数」という変数を度数変数として設定する（p. 116 参照）。

手順3 適合度の検定の実施

メニューの〔分析〕－〔ノンパラメトリック検定〕－〔過去のダイアログ〕－〔カイ２乗〕を選択する。

〔カイ２乗〕のダイアログボックスが現れるので、以下のような手順で実行する。

「商品」を〔検定変数リスト〕に投入する。

〔期待度数〕の〔全てのカテゴリが同じ〕を選択する。

〔ＯＫ〕をクリックする。

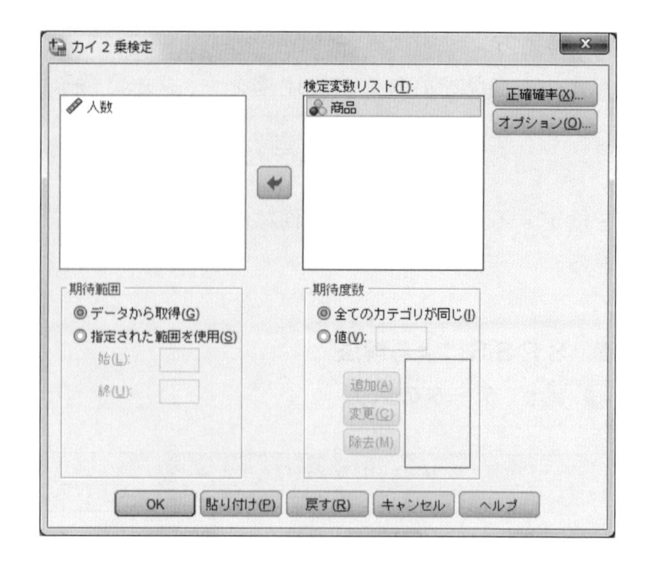

つぎのような適合度のχ^2検定の結果が得られる。

■ 適合度のχ^2検定の結果

商品

	観測度数 N	期待度数 N	残差
A	75	50.0	25.0
B	55	50.0	5.0
C	39	50.0	-11.0
D	31	50.0	-19.0
合計	200		

検定統計量

	商品
カイ 2 乗	22.640[a]
自由度	3
漸近有意確率	.000

a. 0 セル (0.0%) の期待度数は 5 以下です。必要なセルの度数の最小値は 50.0 です。

■ 結果の見方

$$\text{有意確率} = 0.000 < \text{有意水準}\ \alpha = 0.05$$

なので、帰無仮説 H_0 は棄却される。すなわち、商品によって好む人の比率に差があるといえる。

第5章 分割表の解析

§1　2×2分割表の検定

1−1　χ^2 検定

例題 5-1

ある企業が主婦向けに開発した商品Wの認知率を調査するために、東京都内に住む主婦を対象に、商品Wの存在を知っているか否かを問う調査を行った。

子供がいる主婦（Aグループ）と子供がいない主婦（Bグループ）とでは認知率に差があるかどうかを見るために、各グループから 500 人ずつ無作為に選び出し、アンケートを実施した。その結果を整理したのが、つぎの2×2分割表である。

	A	B	合計
知らない	457	446	903
知っている	43	54	97
合計	500	500	1000

AグループとBグループの認知率（知っている比率）に差があるか検定せよ。

■ **考え方**

2×2分割表の検定方法には、**フィッシャーの直接確率検定**（Fisher's exact test）と**χ^2検定**がある。

■ 仮説の設定

2×2分割表の一般の形は、つぎのように表現できる。

		アイテム B		
		B_1	B_2	合計
アイテム A	A_1	a	b	n_1
	A_2	c	d	n_2
	合計	m_1	m_2	N

帰無仮説 H_0：A_1（A_2）の発生する確率は、B_1と B_2で同じである。
対立仮説 H_1：A_1（A_2）の発生する確率は、B_1と B_2で違いがある。

■ χ^2検定の手順

手順１　仮説の設定

帰無仮説 H_0：A グループと B グループの母認知率は同じである。
対立仮説 H_1：A グループと B グループの母認知率には違いがある。

手順２　有意水準 α の設定

有意水準 $\alpha = 0.05$

手順３　検定統計量 χ^2 値の算出

$$\chi^2 = \frac{(ad-bc)^2 \times N}{n_1 \times n_2 \times m_1 \times m_2}$$

一般には、近似精度を上げるために、補正項をつけたつぎの式がよく利用される。

$$\chi^2 = \frac{\left(|ad-bc| - \frac{N}{2}\right)^2 \times N}{n_1 \times n_2 \times m_1 \times m_2}$$

$-\frac{N}{2}$ を**イェーツ**(Yates)**の補正**と呼んでいる。

手順４　有意確率（p 値）の計算

有意水準と比較する有意確率（p 値）を計算する。p 値は自由度 ϕ の χ^2 分布において、χ^2 値以上の値となる確率である。

手順５　判定

有意確率 ≦ 有意水準 α → 帰無仮説 H_0 を棄却する
有意確率 ＞ 有意水準 α → 帰無仮説 H_0 を棄却しない

■ ＳＰＳＳによる解法

手順 1　データの入力

２×２分割表の検定を行うときには、クロス集計表のデータを入力する場合と、原データを入力する場合がある。

Ｉ．クロス集計表（分割表）のデータを入力する場合

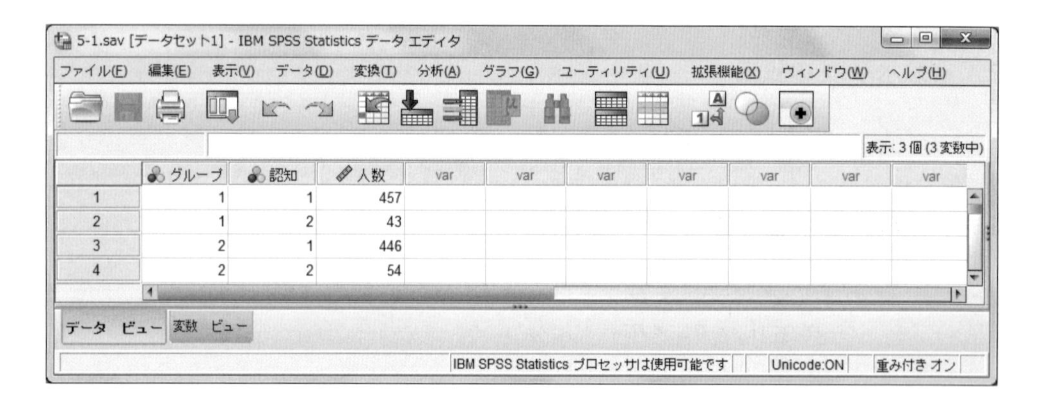

（注１）「グループ」という変数には、1＝A、2＝B という値ラベルを付けておく。
（注２）「認知」という変数には、1＝知らない、2＝知っている という値ラベルを付けておく。
（注３）「人数」という変数は、ケースの重み付け機能を使って度数変数であることを宣言しておく（p. 116参照）。

Ⅱ. 原データ(集計前のデータ)を入力する場合

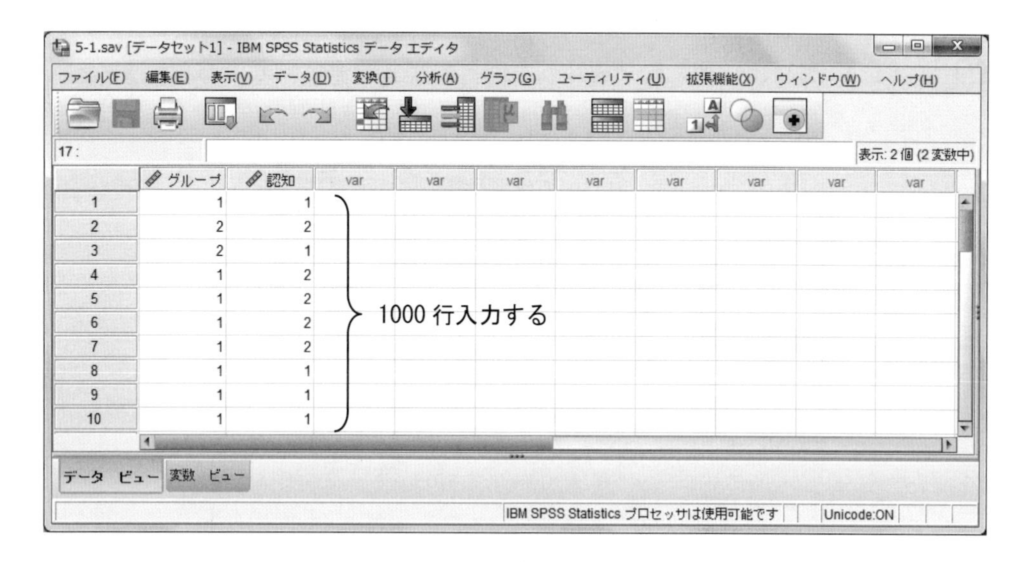

(注1) 「グループ」という変数には、1=A、2=B という値ラベルを付けておく。

(注2) 「認知」という変数には、1=知らない、2=知っている という値ラベルを付けておく。

以下の手順はⅠとⅡのどちらの入力方法でも同じである。

手順2 クロス集計表の作成

メニューの〔分析〕－〔記述統計〕－〔クロス集計表〕を選択する。

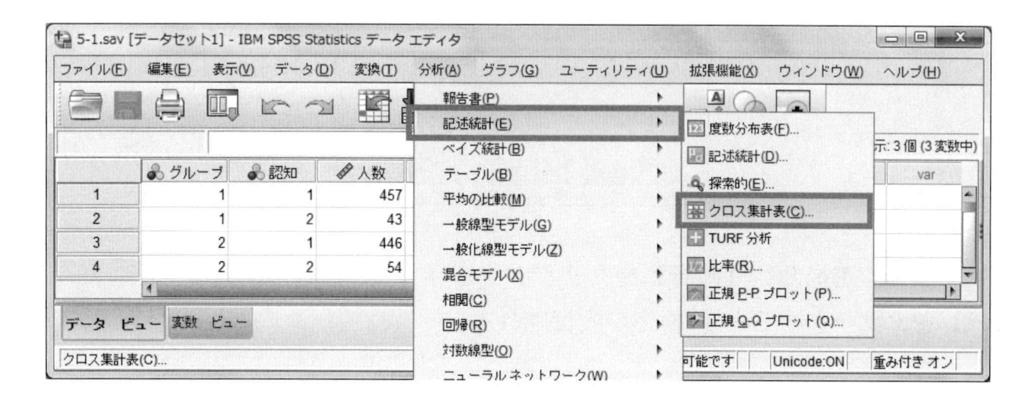

クロス集計表のダイアログボックスが現れる。
ここで、〔行〕に「認知」、〔列〕に「グループ」という変数を投入する。
（〔行〕に「グループ」、〔列〕に「認知」を選択しても結果は同じである）

続いて、〔統計量〕のボタンをクリックする。つぎのようなダイアログボックスが現れる。

〔カイ２乗〕を選択し、〔続行〕をクリックする。
〔ＯＫ〕をクリックすると χ^2 検定が実行される。

■ χ^2検定の結果

認知 と グループ のクロス表

度数

		グループ		
		A	B	合計
認知	知らない	457	446	903
	知っている	43	54	97
合計		500	500	1000

カイ 2 乗検定

	値	自由度	漸近有意確率 (両側)	正確な有意確率 (両側)	正確有意確率 (片側)
Pearson のカイ 2 乗	1.381[a]	1	.240		
連続修正[b]	1.142	1	.285		
尤度比	1.384	1	.239		
Fisher の直接法				.285	.143
線型と線型による連関	1.380	1	.240		
有効なケースの数	1000				

a. 0 セル (0.0%) は期待度数が 5 未満です。最小期待度数は 48.50 です。

b. 2x2 表に対してのみ計算

■ 結果の見方

本例題では認知率に差があるかどうかを問題としているので、両側の有意確率を採用する。通常のχ^2検定の有意確率は〔Pearson のカイ２乗〕の行に出力されている 0.240 で、イエーツの補正を施したχ^2検定の有意確率は〔連続修正〕の行に出力されている 0.285 である。どちらの有意確率を採用するにしても、有意水準 0.05 より大きく、帰無仮説 H_0 は棄却されない。すなわち、A グループと B グループの母認知率に差があるとはいえないという結論になる。

ところで、ＳＰＳＳは２×２分割表のときに限り、正確有意確率も出力する。これはフィッシャーの直接確率計算法によるものであるが、このことについては、つぎの例題５－２で解説する。

1−2　直接確率検定

例題 5-2

東京都内の大学に通う学生から、無作為に男性 80 人、女性 90 人を抽出して、つぎのようなアンケートを行った。

（質問１）性別をお答えください。

Ａ．男　　　　Ｂ．女

（質問２）あなたは家でペットを飼っていますか？

Ａ．飼っている　　　　Ｂ．飼っていない

この回答結果をクロス集計したところ、つぎのような２×２分割表が得られた。

	男	女
飼っている	2	8
飼っていない	78	82

男性と女性ではペットを飼っている人の比率に違いがあるといえるだろうか。

■ 考え方

例題５－１とまったく同じタイプの問題であるが、そこで紹介したχ^2検定は、セル（分割表の１つのマス）の中の度数が少ないものがあるときには使えない。本例題のように５未満の度数があるときにはフィッシャーの直接確率検定（Fisher’s exact test）を行うほうがよい。ただし、実際には実測度数だけではなく、期待度数も問題になるので、この検定はつぎのような状況で使うとよいだろう。

① 期待度数で５未満のセルがある。
② 実測度数で５未満のセルがある。

（注）ＳＰＳＳは２×２分割表における検定においては、直接確率検定による正確有意確率を出力するので、常に直接確率検定の結果を採用すればよいという言い方も可能である。

■ フィッシャーの直接確率検定

直接確率検定の計算法は、行の合計と列の合計を固定しておいて、現在得られている度数よりさらに偏った度数の組合せを考え、それぞれの起こる確率をすべて計算する方法である。

いま、この例題の分割表を表1としよう。

表1

	男	女
飼っている	2	8
飼っていない	78	82

表1よりさらに偏った結果は、つぎの表2と表3である。

表2

	男	女
飼っている	1	9
飼っていない	79	81

表3

	男	女
飼っている	0	10
飼っていない	80	80

表1から表3までのそれぞれについて確率を計算し、その確率を合計する。これが有意確率（片側）となる。

確率の計算方法を、つぎのような分割表があるものとして説明しよう。表の中の a 、b 、c 、d は度数を表すものとし、a が最も小さな値であるとする。

	列1	列2	合計
行1	a	b	n_1
行2	c	d	n_2
合計	m_1	m_2	n

$$\text{確率} = \frac{n_1!\,n_2!\,m_1!\,m_2!}{n!}\sum_{i=0}^{a}\frac{1}{i!\,(n_1-i)!\,(m_1-i)!\,(d-a+i)!}$$

この例題の場合

$$\text{確率} = \frac{10!\ \ 160!\ \ 80!\ \ 90!}{170!}\sum_{i=0}^{2}\frac{1}{i!\,(10-i)!\,(80-i)!\,(82-2+i)!}$$

$$= 0.0724$$

となる。

■ 直接確率検定の結果

ＳＰＳＳの操作手順は例題５－１と同じである。

ペット と 性別 のクロス表

度数

		性別		
		男	女	合計
ペット	飼っている	2	8	10
	飼っていない	78	82	160
合計		80	90	170

カイ 2 乗検定

	値	自由度	漸近有意確率 (両側)	正確な有意確率 (両側)	正確有意確率 (片側)
Pearson のカイ 2 乗	3.123[a]	1	.077		
連続修正[b]	2.075	1	.150		
尤度比	3.366	1	.067		
Fisher の直接法				.105	.072
線型と線型による連関	3.104	1	.078		
有効なケースの数	170				

a. 1 セル (25.0%) は期待度数が 5 未満です。最小期待度数は 4.71 です。

b. 2x2 表に対してのみ計算

■ 結果の見方

男性と女性で違いがあるかどうかを問題としているので、両側の有意確率に注目する。

$$有意確率（両側）= 0.105 \quad > \quad 有意水準\alpha = 0.05$$

となるので、男性と女性でペットを飼っている比率に差があるとはいえない。

ところで、正確有意確率の値に注目すると、

$$両側 = 0.105$$
$$片側 = 0.072$$

となっており、片側の数値を２倍しても両側の数値にはならない。直接確率検定では１行目の合計と２行目の合計が等しいか、もしくは、１列目の合計と２列目の合計が等しいという状況でない限り、片側の有意確率を２倍しても両側の有意確率にはならないことに注意されたい。

1−3　マクネマーの検定

例題 5-3　（例題 **4-6** の再掲）

東京都内の大学に通う大学生から無作為に 200 人を抽出して、つぎのようなアンケートを行った。

（質問１）あなたはポータブルオーディオを持っていますか？

A．持っている　　　B．持っていない

（質問２）あなたはタブレット型パソコンを持っていますか？

A．持っている　　　B．持っていない

この回答結果をつぎのような２×２分割表に整理した。

		ポータブルオーディオ 持っている	持っていない	合計
タブレット型パソコン	持っている	80	40	120
	持っていない	30	50	80
	合計	110	90	200

（数字は人数を表す）

ポータブルオーディオを持っている人の比率とタブレット型パソコンを持っている人の比率に差があるといえるだろうか。

■ 考え方

200人それぞれが質問１と質問２の両方に答えているので、オーディオとパソコンの両方を持っている人が存在することに注意しなければいけない。このような２つの比率の差を検定する方法に**マクネマー**（McNemar）**の検定**がある。

■ マクネマーの検定

オーディオを持っている人の母比率をπ_A、パソコンを持っている人の母比率をπ_Bとすると、仮説はつぎのようになる。

帰無仮説H_0：$\pi_A = \pi_B$
対立仮説H_1：$\pi_A \neq \pi_B$

つぎのような分割表があるものとして計算方法を説明しよう。表の中の a、b、c、d は度数を表すものとする。

		ポータブルオーディオ	
		持っている	持っていない
タブレット型パソコン	持っている	a	b
	持っていない	c	d

このとき検定統計量χ^2は

$$\chi^2 = \frac{(|b - c| - 1)^2}{b + c}$$

と計算される。

このχ^2値が帰無仮説H_0のもとで自由度1のχ^2分布に従うことを利用して検定を行う。

このタイプの分割表には、つぎのような例がある。

＜例1＞ 時間の変化により比率が変化したかどうかを検定する。

		教育後	
		賛成	反対
教育前	賛成	a	b
	反対	c	d

＜例２＞　複数回答の選択肢間に比率の差があるかどうかを検定する。

		選択肢２	
		選択	非選択
選択肢１	選択	a	b
	非選択	c	d

＜例３＞　２つの検査項目における陽性率に差があるかどうかを検定する。

		検査２	
		陽性	陰性
検査１	陽性	a	b
	陰性	c	d

■　ＳＰＳＳによる解法

手順１　データの入力

集計結果を入力する方式で解説する。集計前の原データを入力する方式も進め方は同じである。

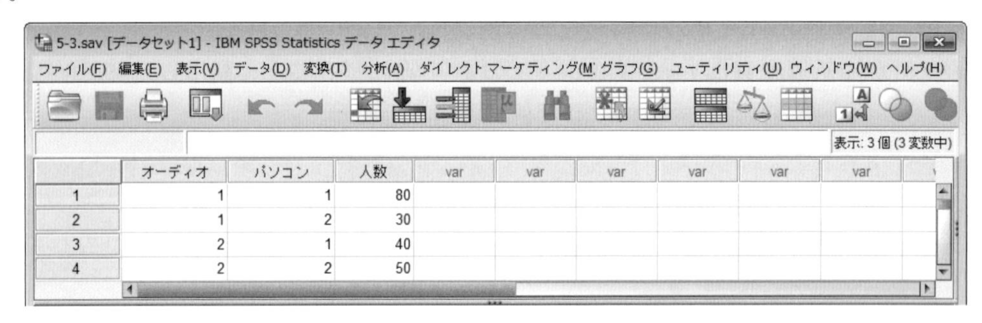

	オーディオ	パソコン	人数	var	var	var	var	var	var
1	1	1	80						
2	1	2	30						
3	2	1	40						
4	2	2	50						

（注１）「オーディオ」という変数には、1＝持っている、2＝持っていない という値ラベルを付ける。
（注２）「パソコン」という変数には、1＝持っている、2＝持っていない という値ラベルを付ける。
（注３）「人数」という変数は、度数変数であることを宣言しておく（p. 116参照）。

手順 2　クロス集計表の作成

メニューから〔分析〕－〔記述統計〕－〔クロス集計表〕を選択する。

〔行〕に「パソコン」、〔列〕に「オーディオ」という変数を投入する。

〔統計量〕をクリックする。

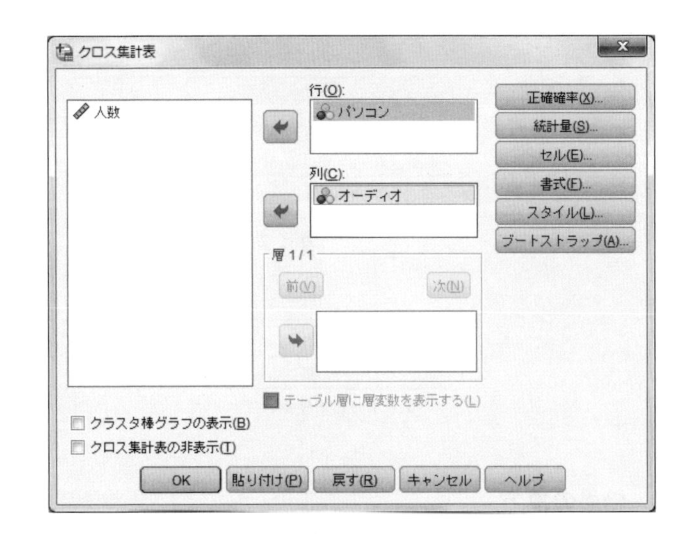

手順 3　McNemarの選択

右のような画面が現れたら、〔McNemar〕を選択し、〔続行〕をクリックする。

前の画面に戻るので、〔ＯＫ〕をクリックするとMcNemar の検定結果が得られる。

■ 検定の結果

パソコン と オーディオ のクロス表

度数

		オーディオ		
		持っている	持っていない	合計
パソコン	持っている	80	40	120
	持っていない	30	50	80
合計		110	90	200

カイ 2 乗検定

	値	正確な有意確率 (両側)
McNemar 検定		.282[a]
有効なケースの数	200	

a. 2 項分布を使用

■ 結果の見方

$$有意確率（両側） = 0.282 \quad > 有意水準 \alpha = 0.05$$

であるから、帰無仮説H_0は棄却されない。すなわち、オーディオを持っている人の比率とパソコンを持っている人の比率に差があるとはいえない。

■ 二項検定の利用

この例題は二項検定を利用しても解析することができる。オーディオとパソコンのどちらか一方だけを持っている人は 70（=40+30）人いる。そこで、一方だけ持っている人の確率が同じかどうか（50%かどうか）の二項検定を行うのである（手順は第 4 章p. 118を参照）。

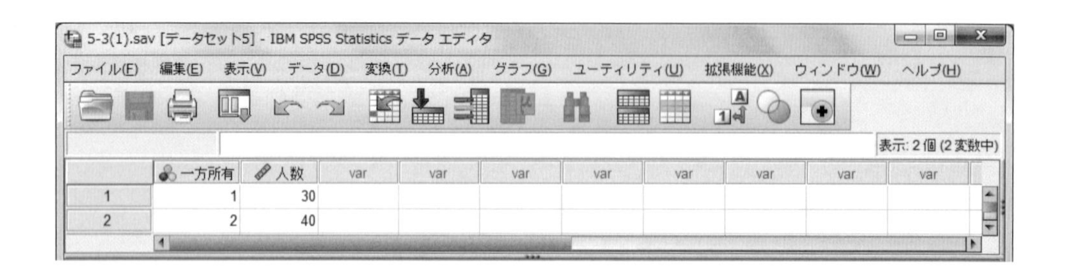

■ 二項検定の結果

2 項検定

		カテゴリ	度数	観測比率	検定比率	正確な有意確率 (両側)
一方所有	グループ 1	1	30	.43	.50	.282
	グループ 2	2	40	.57		
	合計		70	1.00		

正確有意確率を計算させると、つぎのような結果が得られる。

2 項検定

		カテゴリ	度数	観測比率	検定比率	正確な有意確率 (両側)	正確な有意確率 (両側)
一方所有	グループ 1	1	30	.43	.50	.282	.282
	グループ 2	2	40	.57			
	合計		70	1.00			

補足：正確有意確率

【正確有意確率の求め方】

第４章p. 119の手順４の画面で〔正確確率〕のボタンをクリックして、〔正確〕を選択すると出力される。

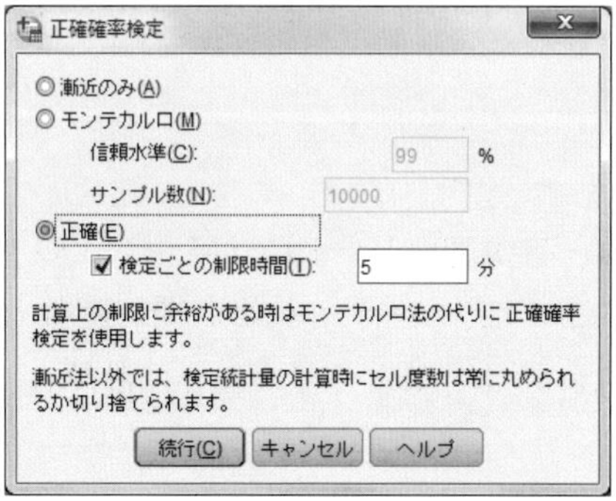

正確確率検定
○ 漸近のみ(A)
○ モンテカルロ(M)
信頼水準(C): 99 %
サンプル数(N): 10000
◎ 正確(E)
☑ 検定ごとの制限時間(T): 5 分
計算上の制限に余裕がある時はモンテカルロ法の代りに正確確率検定を使用します。
漸近法以外では、検定統計量の計算時にセル度数は常に丸められるか切り捨てられます。
続行(C) キャンセル ヘルプ

(注) 〔正確確率〕のボタンは、オプションの Exact Tests を導入していると機能する。

§2　$L \times M$ 分割表の検定

2−1　χ^2 検定

例題 5-4

ある学校で、趣味に関する調査を行った。クラスは、A、B、C、Dの４クラスあるとする。調査結果を整理したのが、つぎの４×４分割表である。各クラスの趣味の傾向は同じといえるだろうか。検定せよ。

	A	B	C	D
スポーツ	20	6	9	8
読書	6	33	7	8
音楽	7	14	29	10
映画	9	7	8	24

■ 考え方

L 行 M 列の $L \times M$ 分割表の検定には、つぎの性質を利用する。

i 行 j 列目の実測度数を f_{ij} 、期待度数を t_{ij} とすると、

$$\sum_i \sum_j \frac{(f_{ij} - t_{ij})^2}{t_{ij}}$$

は、自由度 $(L-1) \times (M-1)$ の χ^2分布に従う。

ここに、 i 行 j 列目の期待度数 t_{ij} は、第 i 行目の合計 $N_{i\cdot}$、第 j 列目の合計 $N_{\cdot j}$、総合計 N からつぎのように計算される。

$$t_{ij} = \frac{N_{i.} \times N_{.j}}{N}$$

■ 検定の手順

手順１　仮説の設定

帰無仮説H_0：各クラスの趣味の傾向は同じである。
対立仮説H_1：各クラスの趣味の傾向には違いがある。

手順２　有意水準αの設定

有意水準$\alpha = 0.05$

手順３　検定統計量χ^2値の算出

$$\chi^2 = \sum_i \sum_j \frac{(f_{ij} - t_{ij})^2}{t_{ij}}$$

手順４　自由度ϕの算出

$$\phi = (L - 1) \times (M - 1)$$

手順５　有意確率（p値）の計算

有意水準と比較する有意確率（p値）を計算する。有意確率は自由度ϕのχ^2分布においてχ^2値以上の値となる確率である。

手順６　判定

有意確率 $\leqq$ 有意水準α → 帰無仮説H_0を棄却する
有意確率 $>$ 有意水準α → 帰無仮説H_0を棄却しない

（注）この例題の分割表は４行４列の２元表となっているが、分割表は行と列の数が同じである必要はない。すなわち、$L \times M$ 分割表における L と M は、$L = M$ でも、$L \neq M$ でも、どちらでもかまわない。

■ ＳＰＳＳによる解法

手順 1　データの入力

例題５－１と同様に、分割表（集計した結果）を入力する方法と、原データ（集計する前）を入力する方法がある。ここでは、分割表を入力する方法を解説するが、集計前の原データを入力する方法でも入力後の進め方は同じである。

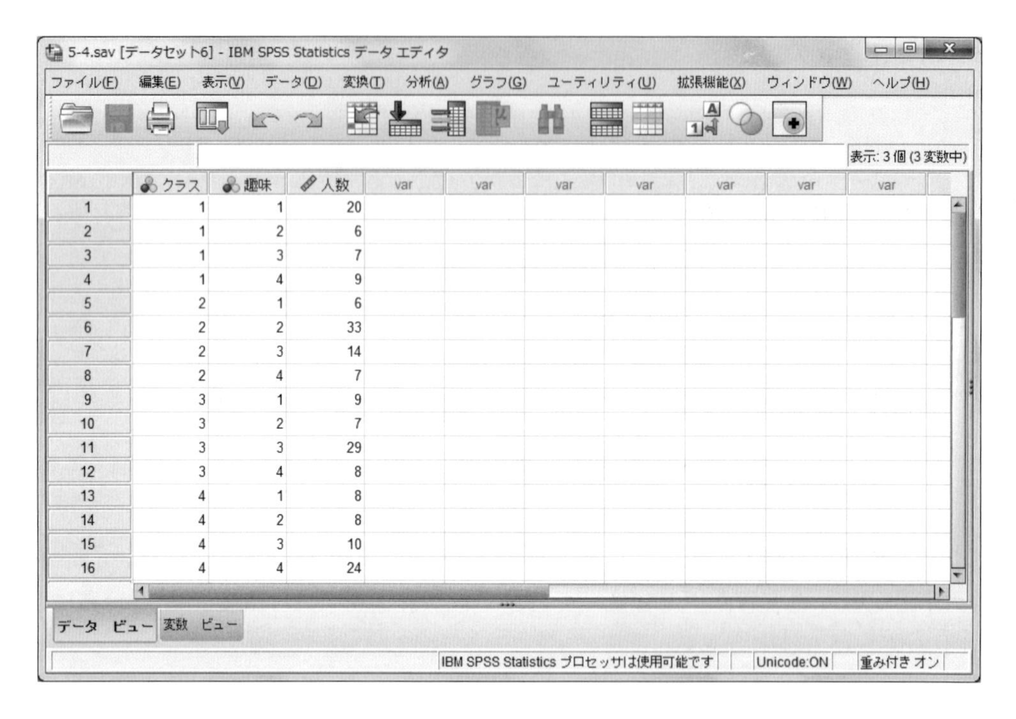

	クラス	趣味	人数
1	1	1	20
2	1	2	6
3	1	3	7
4	1	4	9
5	2	1	6
6	2	2	33
7	2	3	14
8	2	4	7
9	3	1	9
10	3	2	7
11	3	3	29
12	3	4	8
13	4	1	8
14	4	2	8
15	4	3	10
16	4	4	24

（注１）「クラス」という変数に、1＝A、2＝B、3＝C、4＝D という値ラベルを付ける。

（注２）「趣味」という変数に、1＝スポーツ、2＝読書、3＝音楽、4＝映画 という値ラベルを付ける。

（注３）「人数」という変数は、度数変数であることを宣言しておく（p. 116参照）。

手順 2　クロス集計表の作成

ここからの手順は例題５－１と同じである。

■ 検定の結果

クラス と 趣味 のクロス表

度数

		趣味				
		スポーツ	読書	音楽	映画	合計
クラス	A	20	6	7	9	42
	B	6	33	14	7	60
	C	9	7	29	8	53
	D	8	8	10	24	50
合計		43	54	60	48	205

カイ 2 乗検定

	値	自由度	漸近有意確率 (両側)
Pearson のカイ 2 乗	79.457[a]	9	.000
尤度比	69.903	9	.000
線型と線型による連関	18.190	1	.000
有効なケースの数	205		

a. 0 セル (0.0%) は期待度数が 5 未満です。最小期待度数は 8.81 です。

■ 結果の見方

$$\text{有意確率} = 0.000 < \text{有意水準}\ \alpha = 0.05$$

であるから、帰無仮説 H_0を棄却する。すなわち、各クラスの趣味の傾向には違いがあるといえる。

2－2　残差の分析

■ 特徴の把握

例題５－４では、検定の結果、各クラスの趣味の傾向には違いがあるという結論が得られた。

さて、各クラスにはどのような特徴があるのだろうか。特徴を把握するには残差を吟味すればよい。

分割表における残差とは、実測度数と期待度数の差のことである。残差の大きいところが特徴的なところである。実際には、残差そのものではなく、調整済み残差を計算し、その値を吟味することになる。

ここで、調整済み残差の計算方法を述べよう。

まず、標準化残差 e_{ij} を計算する。

$$e_{ij} = \frac{f_{ij} - t_{ij}}{\sqrt{t_{ij}}}$$

つぎに、 e_{ij} の分散 V_{ij} を計算する。

$$V_{ij} = \left(1 - \frac{n_{i\cdot}}{N}\right) \times \left(1 - \frac{n_{\cdot j}}{N}\right)$$

そして、調整済み残差 d_{ij} を計算する。

$$d_{ij} = \frac{e_{ij}}{\sqrt{V_{ij}}}$$

調整済み残差 d_{ij} は、平均０、標準偏差１の正規分布に近似的に従う。この性質から、$|\,d_{ij}\,|$ が２以上のものは、特徴的な箇所であるとみなしてよい。

■ SPSSによる解法

手順1　データの入力

データは例題5－4ですでに入力されているものとする。

手順2　調整済み残差の計算

メニューの〔分析〕－〔記述統計〕－〔クロス集計表〕を選択すると、右のダイアログボックスが現れるので、「クラス」と「趣味」をそれぞれ投入する。

ここで、〔セル〕をクリックすると、右下のようなダイアログボックスが現れる。

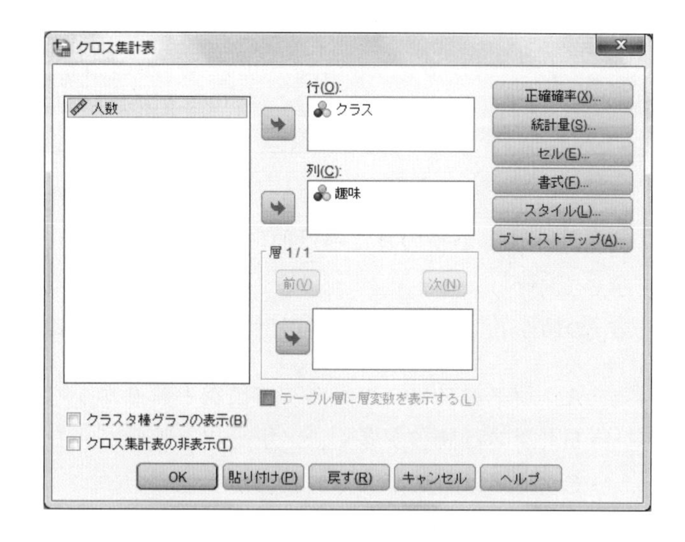

すでに例題5－4で出力済みなので、〔観測〕のチェックをはずして、〔調整済みの標準化〕を選択する。

〔続行〕をクリックすると、前のボックスにもどる。

〔OK〕をクリックすると、調整済み残差を求めることができる。

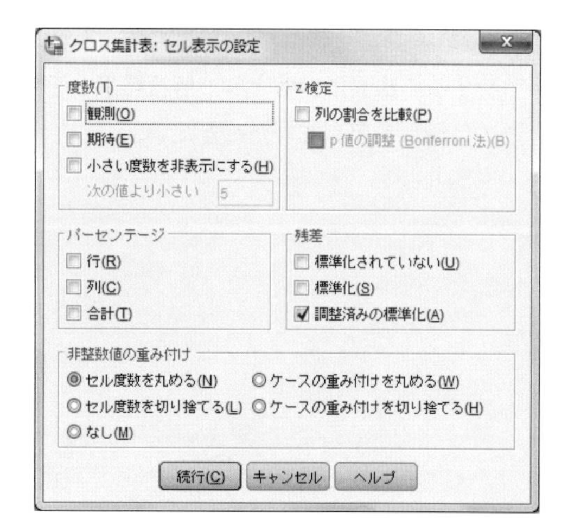

■ 調整済み残差

クラス と 趣味 のクロス表

調整済み残差

		趣味			
		スポーツ	読書	音楽	映画
クラス	A	4.8	-2.0	-2.0	-.3
	B	-2.5	6.0	-1.2	-2.6
	C	-.8	-2.5	4.7	-1.7
	D	-1.0	-1.9	-1.7	4.7

調整済み残差が正のところは他に比べて度数が多いことを示し、負のところは少ないことを示している。

d_{ij} の値から、各クラスの特徴はつぎのようになる。

・Aクラスはスポーツが多く、読書と音楽が少ない。
・Bクラスは読書が多く、スポーツと映画が少ない。
・Cクラスは音楽が多く、読書が少ない。
・Dクラスは映画が多い。

(注) 分割表のデータはコレスポンデンス分析（数量化理論Ⅲ類）と呼ばれる手法で解析することも推奨する。次頁に参考として解析結果と手順だけ紹介する。コレスポンデンス分析については、巻末の付録も参照していただきたい。

参考：コレスポンデンス分析による分割表の視覚化

分割表にコレスポンデンス分析を適用すると、つぎのような行のカテゴリと列のカテゴリの付置図を作成することができる。

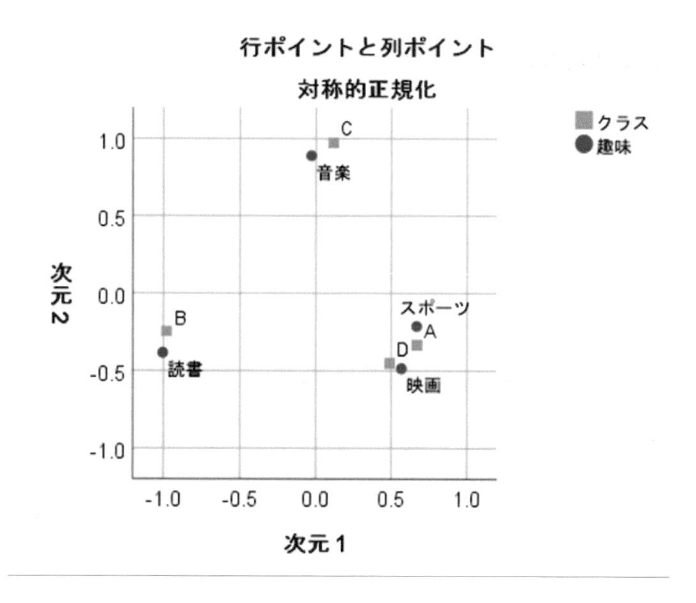

【コレスポンデンス分析の手順】

手順① メニューの〔データ〕－〔ケースの重み付け〕で〔ケースの重み付け〕を選択して、〔度数変数〕に「人数」を投入し〔ＯＫ〕。

手順② メニューの〔分析〕－〔次元分解〕－〔コレスポンデンス分析〕を選択、対応分析ダイアログボックスで〔行〕に「クラス」、〔列〕に「趣味」を投入して、それぞれ〔範囲の定義〕で「1」と「4」を設定し、〔続行〕。

手順③ もとの画面にもどったら、〔ＯＫ〕。

（注）次元２と次元３のグラフを出力するときは、対応分析ダイアログボックスで〔モデル〕－〔次元の解〕を「3」と設定して〔続行〕。つぎに〔作図〕をクリックし、コレスポンデンス分析ダイアログボックスで、〔次元数の制限〕を選択し〔最低次元〕に「2」、〔最高次元〕に「3」と入力して〔続行〕。

§3 順序カテゴリの分割表

3−1 2×*M* 分割表

例題 5-5

あるホテルで宿泊者の中から男性と女性を 100 人ずつ無作為に選び、つぎのような質問をした。

（質問）当ホテルの総合的な満足度をお答えください。

1．不満
2．やや不満
3．どちらともいえない
4．やや満足
5．満足

この回答結果を集計して、つぎの２×５分割表に整理した。

	不満	やや不満	どちらともいえない	やや満足	満足
男	5	15	35	30	15
女	10	25	30	25	10

（表中の数字は人数を表す）

男性と女性では満足度に差があるといえるか検定せよ。

■ 考え方

この例題の２×５分割表は、列に配置した選択肢（カテゴリ）の間に右の列ほど満足度が高いという順序があることに注意する必要がある。このような分割表を順序カテゴリの分割表とか、カテゴリに順序がある分割表などという。

通常、２×M分割表の検定にはχ^2検定が適用される。しかし、この例題のように順序カテゴリの分割表の場合には、順序情報を無視してしまうχ^2検定は有効ではない。このようなときには、**Mann-Whitney**（マン・ウィットニー）**の検定**や**累積χ^2検定**、**最大χ^2検定**などが有効である。

本書ではＳＰＳＳで実施可能なMann-Whitneyの検定による方法を紹介する。この検定はWillcoxon（ウィルコクスン）の順位和検定とも呼ばれている。

■ Mann-Whitneyの検定を利用した分割表の検定

いま、比較するグループ数を２とし、行数が２、列数がMで、各列に順序のあるカテゴリを配置した２×M分割表があるものとする。第iグループ（i＝1,2）の第jカテゴリ（j＝1,2,…,M）の度数をn_{ij}とする。また、第１グループの度数の合計をn_1、第２グループの度数の合計をn_2、全体の度数をNとする。

	列１	…	列 j	…	列M
行１	n_{11}		n_{1j}		n_{1M}
行２	n_{21}		n_{2j}		n_{2M}

各カテゴリの度数の合計（すなわち列計）をT_jとすると、

$$T_j = n_{1j} + n_{2j}$$

j番目のカテゴリの順位r_jは、

$$r_j = T_1 + T_2 + \cdots + T_{j-1} + \frac{T_j + 1}{2}$$

グループごとの順位和R_i（i＝1,2）は、

$$R_i = \sum_{j=1}^{M} r_j \times n_{ij}$$

同順位の数 T_j に伴う修正項 C は、

$$C = 1 - \frac{1}{N^3 - N} \sum_{j=1}^{M} (T_j^3 - T_j)$$

となる。

検定統計量 z は、n_1 と n_2 の小さいほうを n とし、その順位和 R_i を W とすると、

$$z = \frac{\left| W - \frac{1}{2} n (N+1) \right| - \frac{1}{2}}{\sqrt{\frac{C \times n_1 \times n_2 \times (N+1)}{12}}}$$

有意確率は z が平均０、標準偏差１の標準正規分布に従うことを利用して計算される。

■ ＳＰＳＳによる解法

手順 1　データの入力

例題５－１と同様に、分割表（集計した結果）を入力する方法と、原データ（集計する前）を入力する方法がある。ここでは、分割表を入力する方法を解説するが、集計前の原データを入力する方法でも入力後の進め方は同じである。

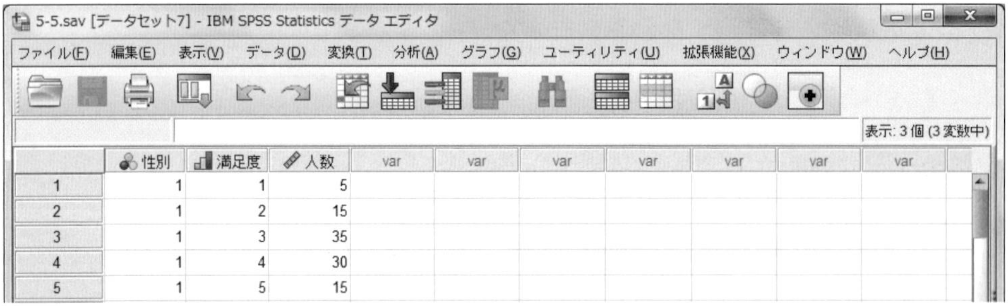

5-5.sav [データセット7] - IBM SPSS Statistics データ エディタ

ファイル(F)　編集(E)　表示(V)　データ(D)　変換(T)　分析(A)　グラフ(G)　ユーティリティ(U)　拡張機能(X)　ウィンドウ(W)　ヘルプ(H)

表示: 3 個 (3 変数中)

	性別	満足度	人数	var	var	var	var	var	var	var
1	1	1	5							
2	1	2	15							
3	1	3	35							
4	1	4	30							
5	1	5	15							

（注１）「性別」という変数には、1＝男、2＝女 という値ラベルを付ける。

（注２）「人数」という変数は、度数変数であることを宣言しておく（p. 116参照）。

手順 2　ノンパラメトリック検定の選択

メニューの〔分析〕－〔ノンパラメトリック検定〕－〔過去のダイアログ〕－〔2個の独立サンプルの検定〕を選択する。

右のようなダイアログボックスが現れる。

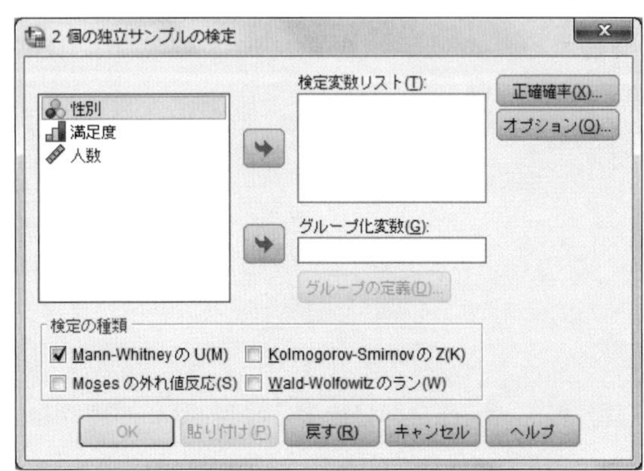

手順 3 変数の選択

〔検定変数リスト〕に「満足度」を投入し、〔グループ化変数〕には「性別」を投入する。

ここで、〔グループの定義〕をクリックする。

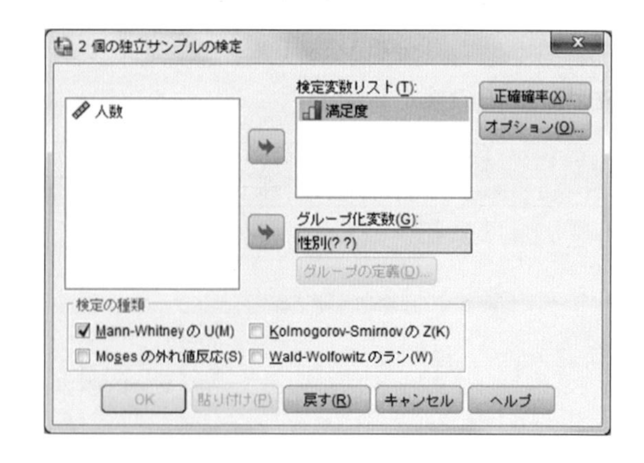

〔グループ1〕のボックスに「1」、〔グループ2〕のボックスに「2」と入力する。

〔続行〕をクリックすると前のボックスにもどるので、〔グループ化変数〕が「性別(1 2)」となっていることを確認する。

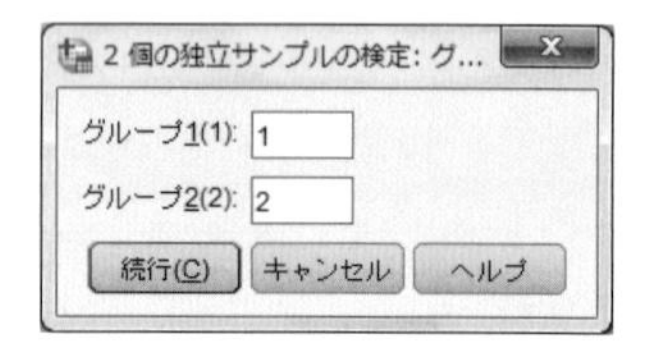

手順 4 検定方法の選択

〔Mann-WhitneyのU〕を選択する。

〔OK〕をクリックすると、検定結果が得られる。

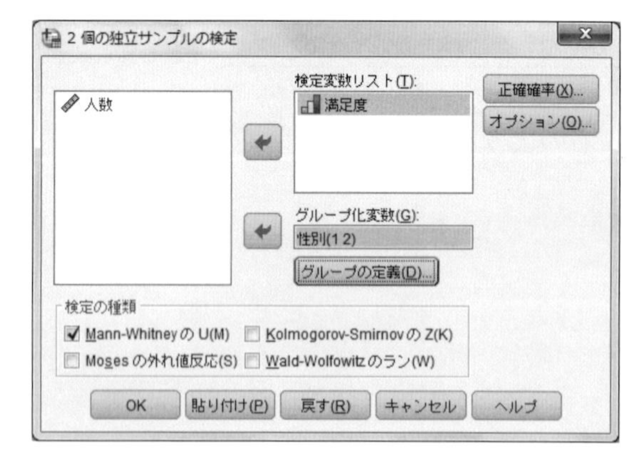

（注）Mann-WhitneyのU検定はWillcoxonの順位和検定と同じ結果を与える。

■ 検定の結果

順位

	性別	度数	平均ランク	順位和
満足度	男	100	109.13	10912.50
	女	100	91.88	9187.50
	合計	200		

検定統計量[a]

	満足度
Mann-Whitney の U	4137.500
Wilcoxon の W	9187.500
Z	-2.180
漸近有意確率 (両側)	.029

a. グループ化変数: 性別

■ 結果の見方

帰無仮説 H_0：男女間で満足度の差がない

対立仮説 H_1：男女間で満足度の差がある

有意確率（両側）＝ 0.029 ＜ 有意水準 0.05

なので、帰無仮説 H_0 は棄却される。すなわち、男女で満足度に差があるといえる。

参考：グラフ化

この例題の場合は、つぎに示すような棒グラフと帯グラフを作成するとよい。

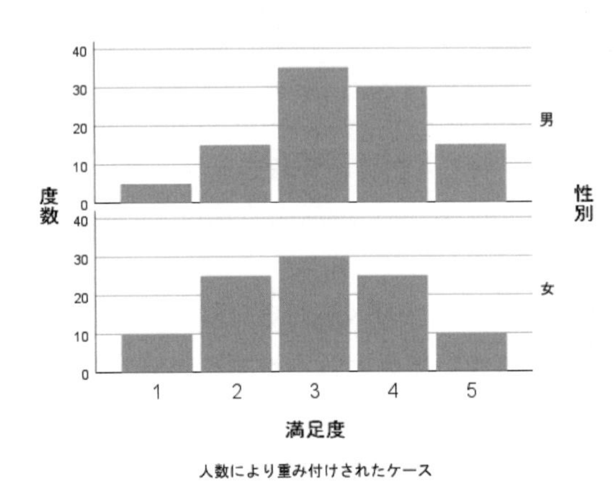

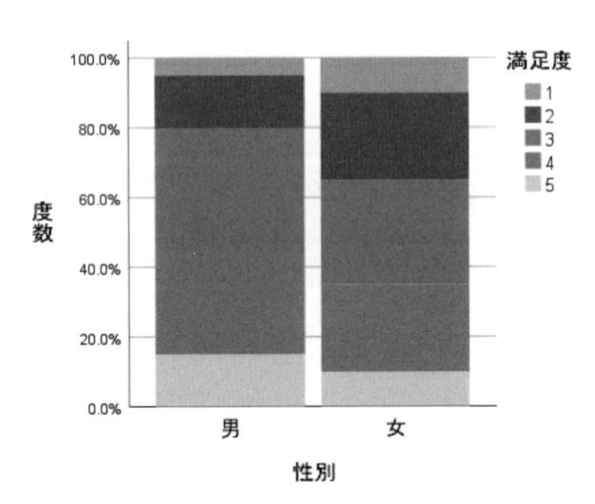

3−2　$L \times M$ 分割表

例題 5-6

あるホテルで宿泊者の中から学生、ＯＬ、ビジネスマンを 50 人ずつ無作為に選び、つぎのような質問をした。

（質問Ｘ）当ホテルの総合的な満足度をお答えください。

1. 不満
2. やや不満
3. どちらともいえない
4. やや満足
5. 満足

この回答結果を集計して、つぎの３×５分割表に整理した。

	不満	やや不満	どちらともいえない	やや満足	満足
学生	6	11	16	6	11
ＯＬ	7	8	15	14	6
ビジネスマン	15	11	13	6	5

（表中の数字は人数を表す）

学生、ＯＬ、ビジネスマンの間には満足度に差があるといえるか検定せよ。

■ 考え方

この例題の３×５分割表は、例題５－５と同様にカテゴリに順序がある分割表で、右の列ほど満足度が高くなっている。例題５－５と異なる点は満足度を比較するグループの数（行の数）が３になっているところである。

比較するグループの数が2のときには、Mann-Whitneyの検定を適用したが、この検定方法はグループの数が3以上になると適用することはできない。このようなときには、Kruskal-Wallis（クラスカル-ウォリス）**の検定**が適用できる。

一般に、列のカテゴリに順序がある $L \times M$ 分割表では、L が2のときにはMann-Whitneyの検定を適用し、L が3以上のときにはKruskal-Wallisの検定を適用するとよい。

■ Kruskal-Wallis の検定を利用した分割表の検定

いま、比較するグループ数を L とし、行数が L 、列数が M で、各列に順序のあるカテゴリを配置した $L \times M$ 分割表があるものとする。

第 i グループ（$i = 1, 2, \cdots, L$）の第 j カテゴリ（$j = 1, 2, \cdots, M$）の度数を n_{ij} とする。また、第 i グループの度数の合計を n_i 、全体の度数を N とする。

各カテゴリの度数の合計（すなわち列計）を T_j とすると、

$$T_j = n_{1j} + n_{2j} + \cdots + n_{Lj}$$

j 番目のカテゴリの順位 r_j は、

$$r_j = T_1 + T_2 + \cdots + T_{j-1} + \frac{T_j + 1}{2}$$

グループごとの順位和 R_i（$i = 1, 2, \cdots, L$）は、

$$R_i = \sum_{j=1}^{M} r_j \times n_{ij}$$

同順位の数 T_j に伴う修正項 C は、

$$C = 1 - \frac{1}{N^3 - N} \sum_{j=1}^{M} (T_j^3 - T_j)$$

となる。

検定統計量 H は、

$$H = \frac{6}{C}\left\{ \frac{2}{N(N+1)} \sum_{i=1}^{L} \frac{R_i^2}{n_i} - \frac{N+1}{2} \right\}$$

p 値は H が自由度 $L-1$ の χ^2 分布に従うことを利用して計算される。

■ ＳＰＳＳによる解法

手順 1 データの入力

例題５－１と同様に、分割表（集計した結果）を入力する方法と、原データ（集計する前）を入力する方法がある。ここでは、分割表を入力する方法を解説するが、集計前の原データを入力する方法でも入力後の進め方は同じである。

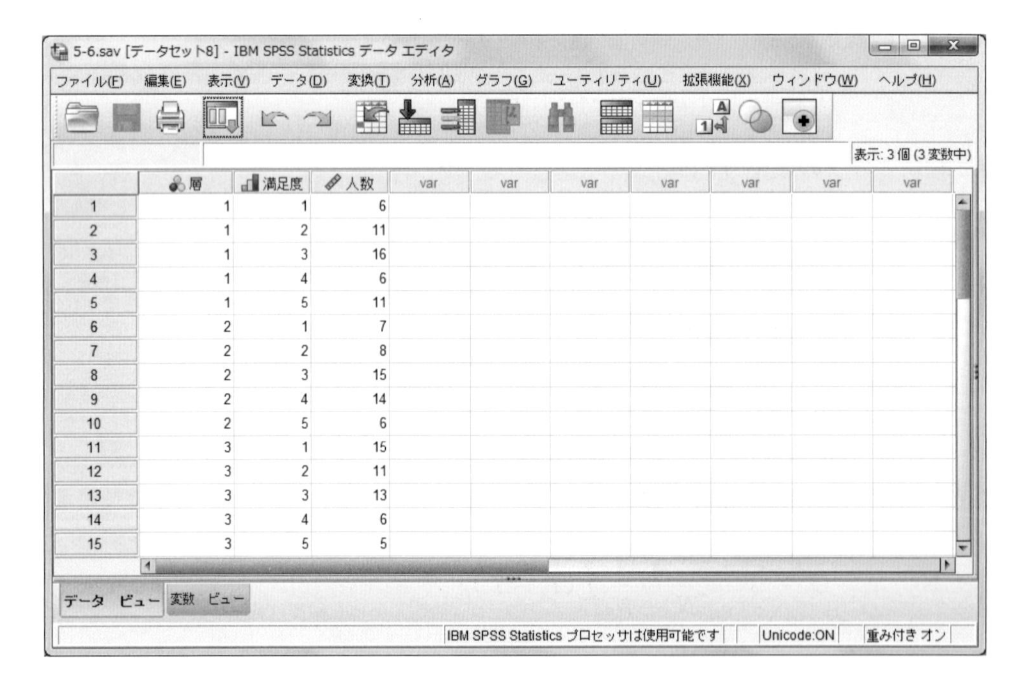

	層	満足度	人数	var	var	var	var	var	var	var
1	1	1	6							
2	1	2	11							
3	1	3	16							
4	1	4	6							
5	1	5	11							
6	2	1	7							
7	2	2	8							
8	2	3	15							
9	2	4	14							
10	2	5	6							
11	3	1	15							
12	3	2	11							
13	3	3	13							
14	3	4	6							
15	3	5	5							

（注１）「層」という変数には、1＝学生、2＝ＯＬ、3＝ビジネスマン という値ラベルを付ける。
（注２）「人数」という変数は、度数変数であることを宣言しておく。

手順 2 ノンパラメトリック検定の選択

メニューの〔分析〕－〔ノンパラメトリック検定〕－〔過去のダイアログ〕－〔K個の独立サンプルの検定〕を選択する。

右のようなダイアログボックスが現れる。

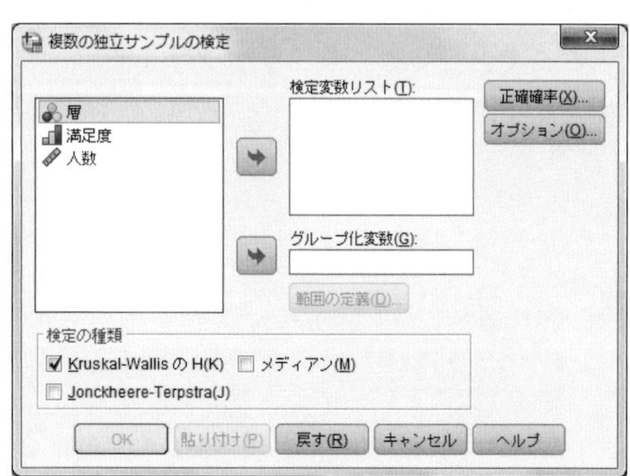

手順 3　変数の選択

〔検定変数リスト〕に「満足度」を投入し、〔グループ化変数〕には「層」を投入する。

ここで、〔範囲の定義〕をクリックする。

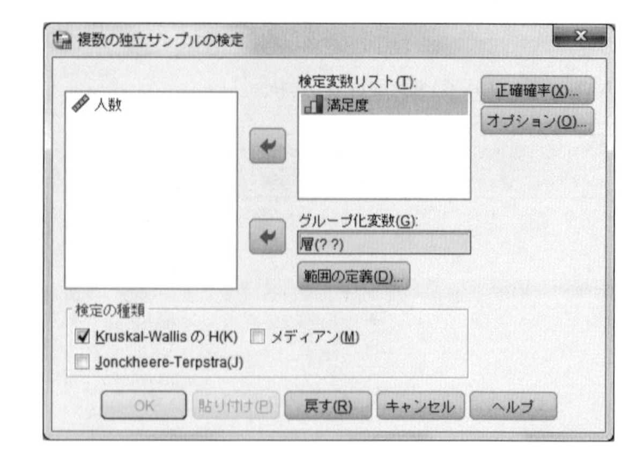

3つのグループがあるので、〔最小〕のボックスに「1」、〔最大〕のボックスに「3」と入力する。

〔続行〕をクリックすると前の画面にもどるので、〔グループ化変数〕が「層(1 3)」となっていることを確認する。

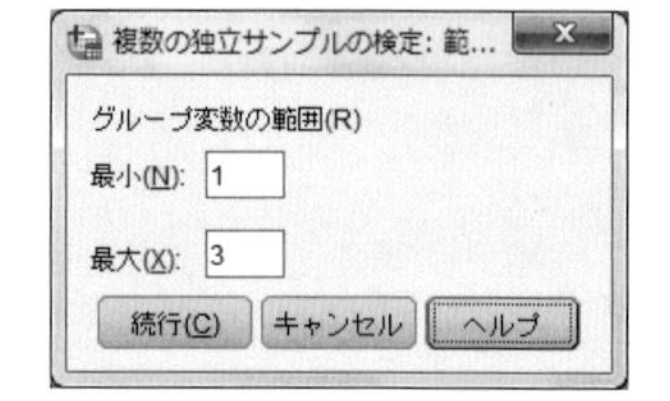

手順 4　検定方法の選択

〔Kruskal-WallisのH〕を選択する。

ここで、〔ＯＫ〕をクリックすると、検定結果が得られる。

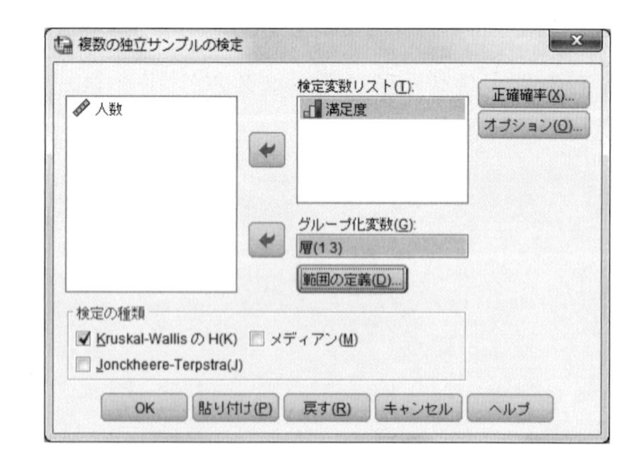

■ 検定の結果

順位

	層	度数	平均ランク
満足度	学生	50	81.62
	OL	50	82.22
	ビジネスマン	50	62.66
	合計	150	

検定統計量[a,b]

	満足度
Kruskal-Wallis の H(K)	6.887
自由度	2
漸近有意確率	.032

a. Kruskal Wallis 検定

b. グループ化変数: 層

■ 結果の見方

帰無仮説 H_0：３つの層に満足度の差がない
対立仮説 H_1：３つの層に満足度の差がある

有意確率（両側）＝ 0.032　＜ 有意水準 0.05

なので、帰無仮説H_0は棄却される。すなわち、学生、OL、ビジネスマンには満足度に差があるといえる。

第6章 平均値の解析

§1　平均値の比較

§2　対応がある場合の平均値の比較

§1 平均値の比較

1–1 箱ひげ図

例題 6-1

あるアンケートでつぎのような質問を行った。

（質問１）あなたの性別をお答えください。　　　　　　　　男　・　女
（質問２）あなたの１ヶ月当たりの書籍代をお答えください。　（　　　　）円

回答者全体を（質問１）の答えにもとづき男女に分けてから、（質問２）の答えを一覧表にしたのがつぎのデータ表である。男女それぞれ 20 人ずつ回答している。

データ表

男	
12,000	40,000
19,000	33,000
9,500	50,000
31,000	23,000
12,500	10,500
21,000	22,000
20,000	34,000
18,500	11,000
25,000	32,000
13,000	24,000

女	
9,000	33,500
14,000	30,000
6,000	32,500
28,000	18,000
5,500	4,000
16,000	17,000
15,000	30,500
7,000	8,000
27,000	29,000
10,000	26,000

男と女で書籍代に差があるかどうかを視察するためのグラフを作成せよ。

■ 箱ひげ図によるグラフ表現

金額や年齢のような数量データ（間隔尺度）のデータについて、２組以上のグループを比較する場合には**箱ひげ図**が有益である。

箱ひげ図を考察するには、**五数要約**について知っておく必要がある。五数要約とは、データの集団をつぎの５つの統計量に要約することである。

① 中央値
② 最大値
③ 最小値
④ 上側ヒンジ
⑤ 下側ヒンジ

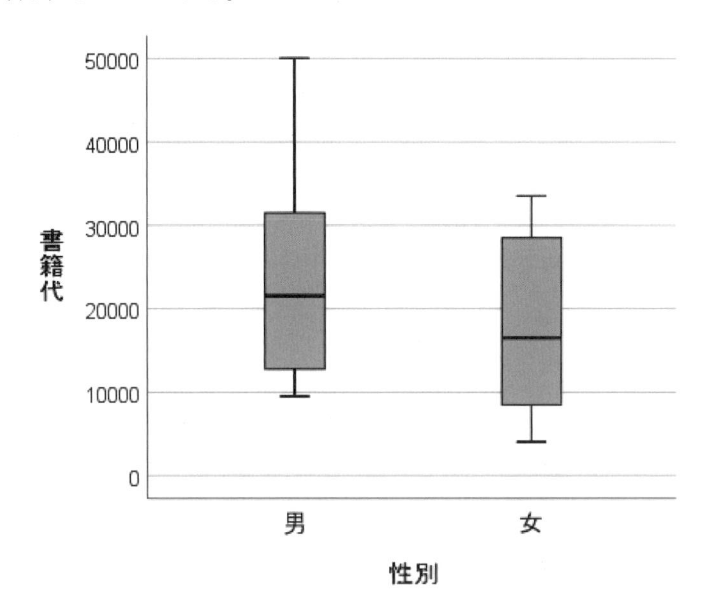

上側ヒンジとは、全データの75%がその値よりも小さくなるところで、75 パーセンタイルとも呼ばれる。**下側ヒンジ**とは、全データの25%がその値よりも小さくなるところで、25 パーセンタイルとも呼ばれる。上側ヒンジと下側ヒンジの間には全データの50%が存在することになる。上側ヒンジと下側ヒンジの差を**ヒンジ幅**（**四分位範囲**）と呼び、ばらつきの大きさを見るための統計量として用いられる。

箱ひげ図とは、五数要約をグラフで表現したもので、上側ヒンジと下側ヒンジからなる箱と、箱の端から最大値と最小値に向かって伸びる“ひげ”で作られている。箱を横切っている線は中央値を表している。平均値ではないことに注意されたい。箱の縦方向の長さはヒンジ幅で、箱の中には中央値を挟んだ 50%のデータが含まれることになる。

箱ひげ図は複数のグループの中心位置やばらつき程度を比較するのに有効なグラフであるが、**外れ値**（飛び離れた値）の検出にも有効である。箱から出る線（ひげ）は最大値および最小値まで伸びている。ただし、箱の端からヒンジ幅の 1.5 倍以上離れたデータが存在する場合には、外れ値として示すようになっている。ちなみに、３倍以上離れている場合を特に**極値**という。

■ ＳＰＳＳによる解法

手順1 データの入力

書籍代を男女に分けて別々に入力するのではなく、「書籍代」という変数を作り、１つの列に入力する。また別の列に「性別」と変数を作り、男か女かを表すデータを入力する。「性別」という変数には、1＝男、2＝女という値ラベルを付けておく。

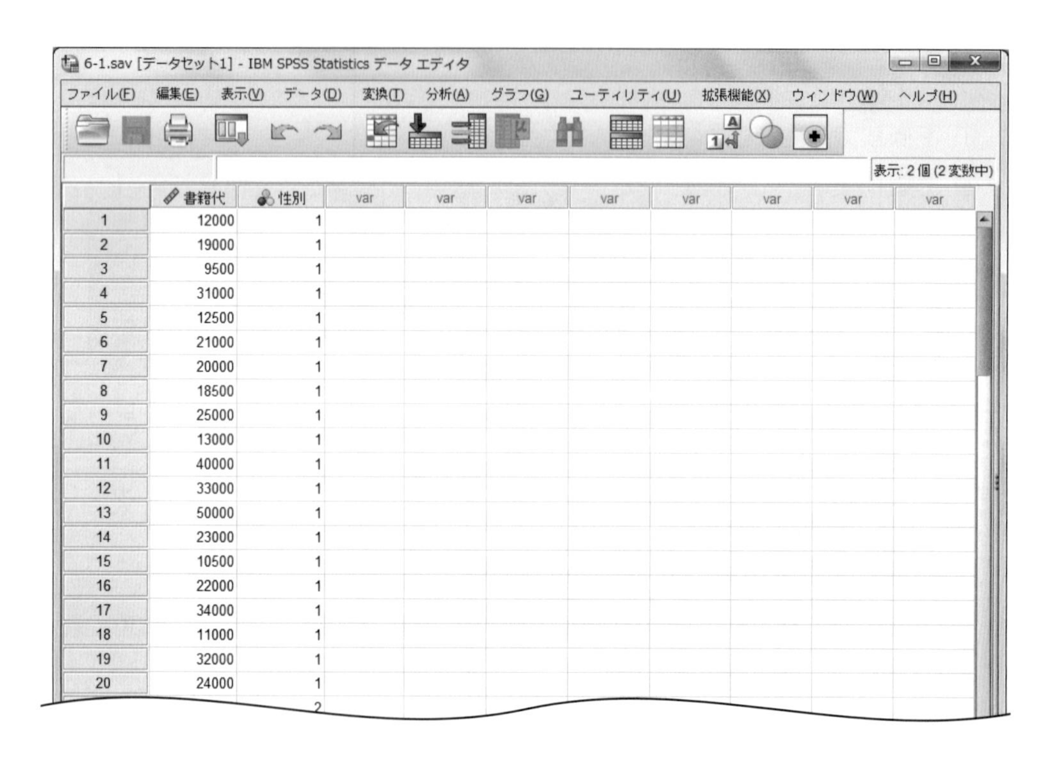

	書籍代	性別	var	var	var	var	var	var	var	var
1	12000	1								
2	19000	1								
3	9500	1								
4	31000	1								
5	12500	1								
6	21000	1								
7	20000	1								
8	18500	1								
9	25000	1								
10	13000	1								
11	40000	1								
12	33000	1								
13	50000	1								
14	23000	1								
15	10500	1								
16	22000	1								
17	34000	1								
18	11000	1								
19	32000	1								
20	24000	1								

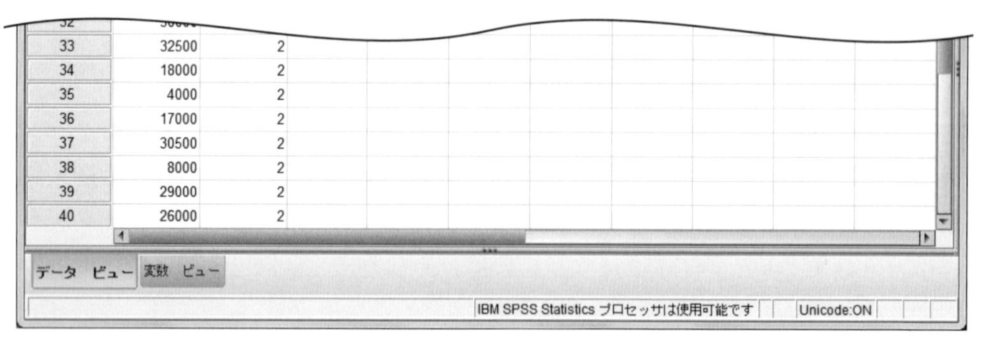

	書籍代	性別
33	32500	2
34	18000	2
35	4000	2
36	17000	2
37	30500	2
38	8000	2
39	29000	2
40	26000	2

手順2 グラフの選択

メニューの〔グラフ〕－〔レガシーダイアログ〕－〔箱ひげ図〕を選択する。

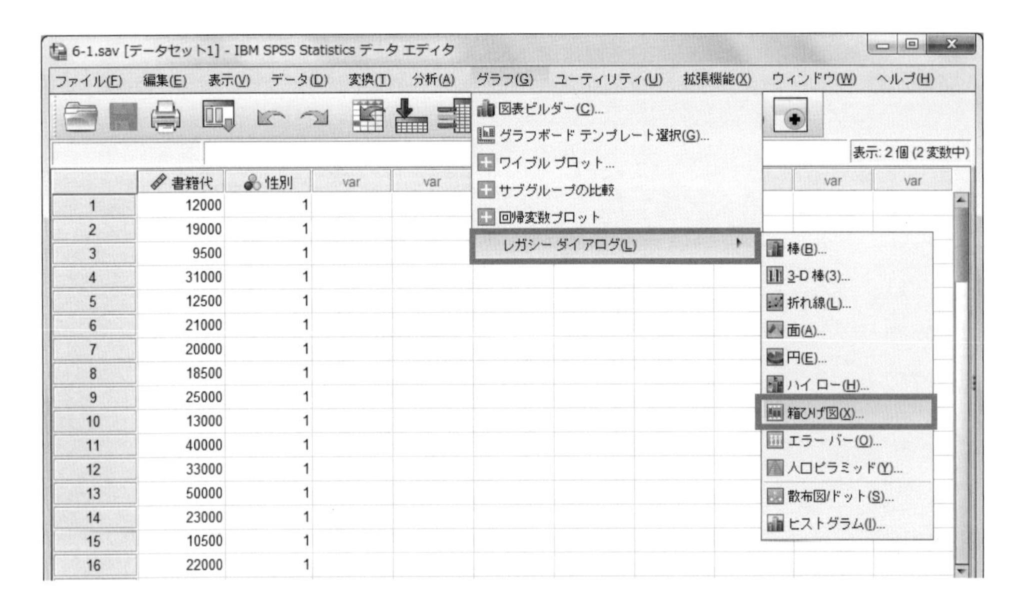

つぎのようなダイアログボックスが現れる。

ここで〔単純〕を選択して〔定義〕をクリックすると、つぎのようなダイアログボックスが現れる。

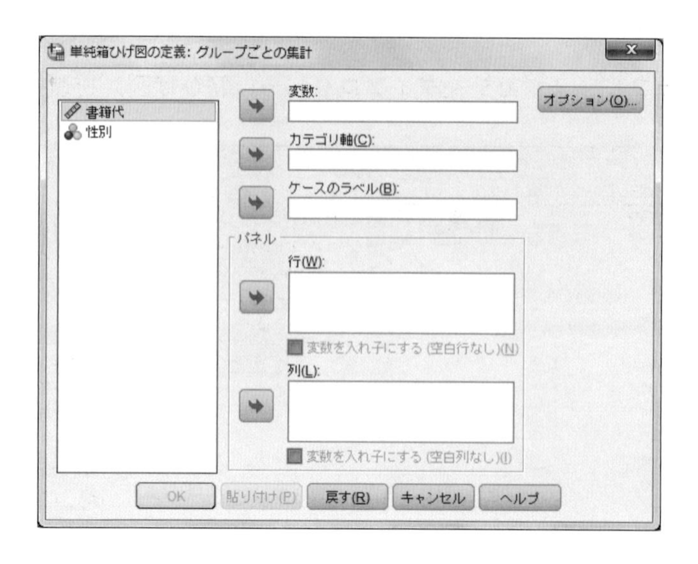

手順 3 変数の選択

〔変数〕には縦軸に表示したい変数である「書籍代」を投入する。
〔カテゴリ軸〕には横軸に表示したい変数である「性別」を投入する。

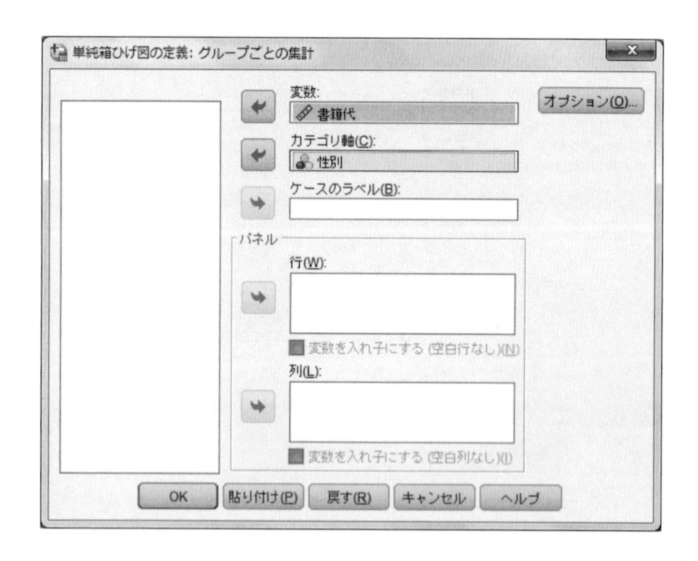

ここで〔ＯＫ〕をクリックすると、つぎのような箱ひげ図が作成される。

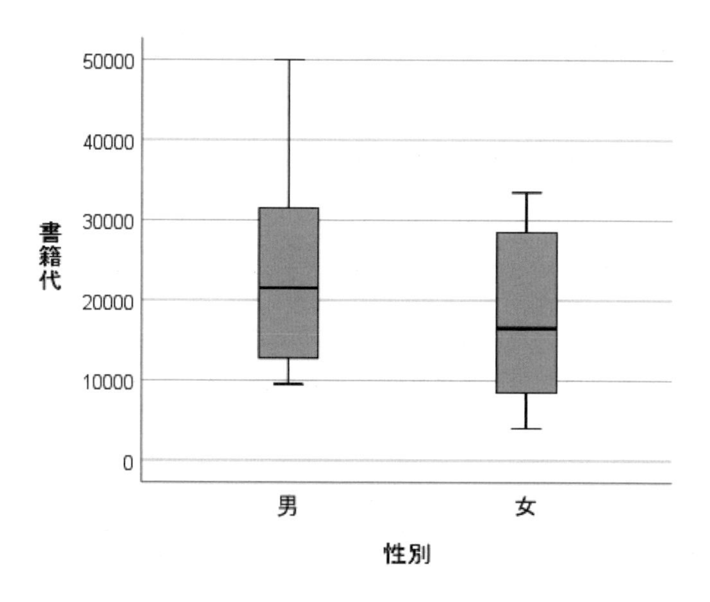

■ 箱ひげ図の考察

箱ひげ図を考察すると、つぎのようなことがわかる。

- 外れ値は存在していない。
- 男女の書籍代の中央値は異なる。
- 箱の大きさに差はないようである。

（注）箱ひげ図を吟味するには、本来、データの数は100以上あることが望ましい。

1−2　t 検定

例題 6-2　**（例題 6-1 の再掲）**

あるアンケートでつぎのような質問を行った。

（質問１）あなたの性別をお答えください。　　　　　　　　男　・　女

（質問２）あなたの１ヶ月当たりの書籍代をお答えください。　（　　　　）円

回答者全体を（質問１）の答えにもとづき男女に分けてから、（質問２）の答えを一覧表にしたのがつぎのデータ表である。男女それぞれ 20 人ずつ回答している。

データ表

男		女	
12,000	40,000	9,000	33,500
19,000	33,000	14,000	30,000
9,500	50,000	6,000	32,500
31,000	23,000	28,000	18,000
12,500	10,500	5,500	4,000
21,000	22,000	16,000	17,000
20,000	34,000	15,000	30,500
18,500	11,000	7,000	8,000
25,000	32,000	27,000	29,000
13,000	24,000	10,000	26,000

男と女で書籍代に差があるかどうか検定せよ。

■ 考え方

この例題における男20人と女20人は何の関係もない2つのグループである。このような2つのグループを独立した2つの標本と呼ぶ。このような2つの独立した標本における平均値の差が統計学的に意味のあるものかどうかを判定（言い方を換えれば、2つの母平均に差があるかどうかを判定）するための手法として、**2つの母平均の差の *t* 検定**がある。*t* 検定はデータが正規分布に従っていると仮定できるような状況で用いられる。

■ 検定の仮説

この例題で検定しようとしている仮説は、つぎのように表される。

帰無仮説 H_0 : $\mu_1 = \mu_2$

対立仮説 H_0 : $\mu_1 \neq \mu_2$

ここに、μ_1 は男の書籍代の母平均、μ_2 は女の書籍代の母平均を表す。

■ ＳＰＳＳによる解法

手順1 データの入力

例題6－1の形式と同様に入力する。

手順2 *t* 検定の選択

メニューの〔分析〕－〔平均の比較〕－〔独立したサンプルの t 検定〕を選択する。

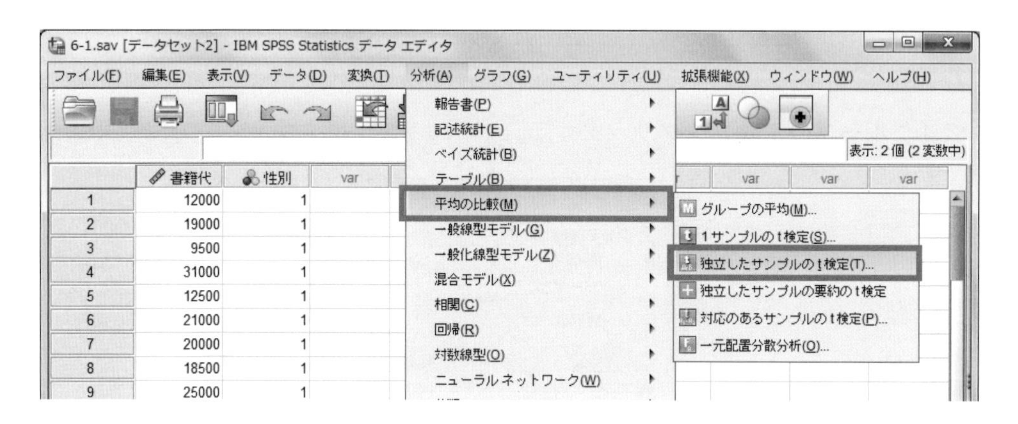

つぎのようなダイアログボックスが現れる。

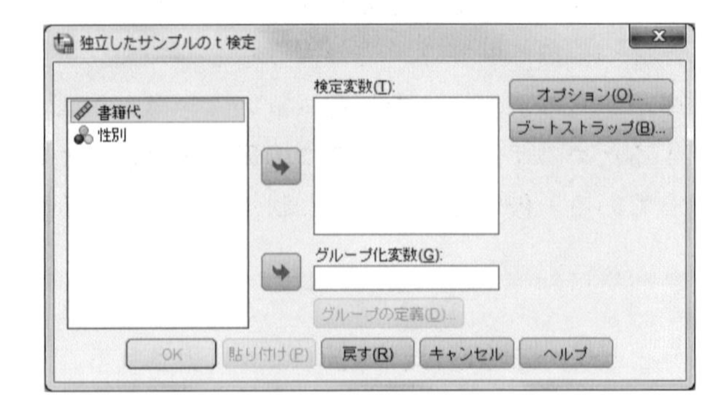

手順 3　変数の選択

〔検定変数〕には「書籍代」を投入する。

〔グループ化変数〕には横軸に表示したい変数である「性別」を投入する。

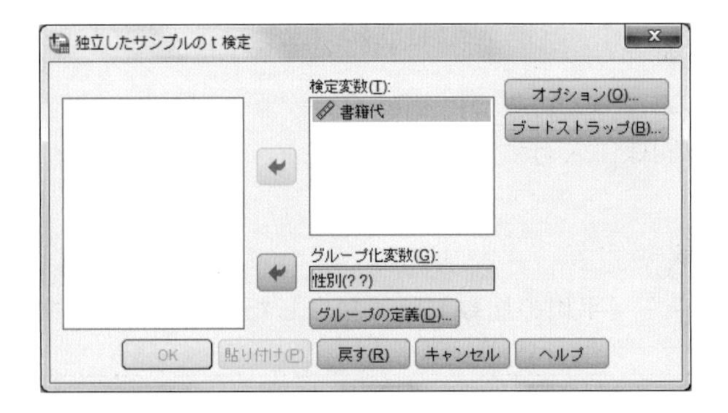

ここで〔グループの定義〕をクリックする。

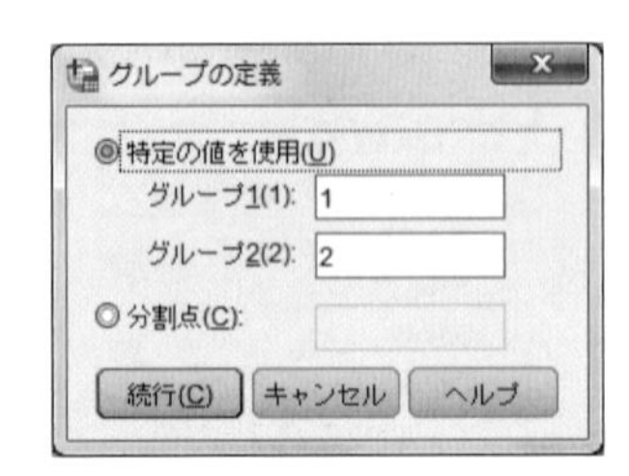

〔グループ1〕に「1」、〔グループ2〕に「2」と入力する。〔続行〕をクリックすると前の画面にもどるので、〔グループ化変数〕が「性別(1 2)」となっているのを確認する。

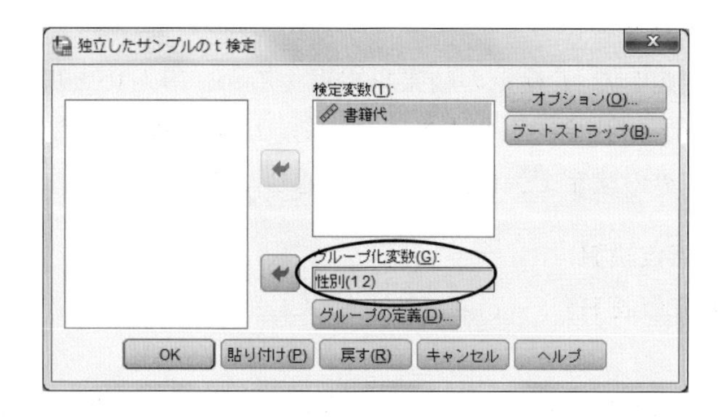

〔OK〕をクリックすると、検定の結果が得られる。

■　*t* 検定の結果

グループ統計量

	性別	度数	平均値	標準偏差	平均値の標準誤差
書籍代	男	20	23050.00	10889.275	2434.916
	女	20	18300.00	10278.235	2298.283

独立サンプルの検定

		等分散性のための Levene の検定		2 つの母平均の差の検定						
									差の 95% 信頼区間	
		F 値	有意確率	t 値	自由度	有意確率 (両側)	平均値の差	差の標準誤差	下限	上限
書籍代	等分散を仮定する	.095	.759	1.419	38	.164	4750.000	3348.271	-2028.22	11528.22
	等分散を仮定しない			1.419	37.874	.164	4750.000	3348.271	-2028.96	11528.96

■ 結果の見方

２つの母平均の差の t 検定は、２グループの母分散が等しいと仮定する場合と仮定しない場合とで計算方法が異なり、結論も一致するとは限らない。母分散が等しいと仮定しない場合の方法を **Welchの t 検定**という。

母分散が等しいと仮定した t 検定の結果を採用するか、等しいと仮定しない t 検定の結果を採用するかは、Levene 検定の結果を参考にする。**Levene検定**とは２つの母分散が等しいかどうかを判定するための検定で、仮説はつぎの通りである。

帰無仮説 H_0 : $\sigma_1^2 = \sigma_2^2$
対立仮説 H_1 : $\sigma_1^2 \neq \sigma_2^2$

ここに、σ_1^2 は男の書籍代の母分散、σ_2^2 は女の書籍代の母分散を表す。
〔**等分散性のためのLeveneの検定**〕の欄に注目し、有意確率を見ると、

有意確率 ＝ 0.759 ＞ 有意水準 0.05

なので、帰無仮説H_0は棄却されず、母分散に違いがあるとはいえない。したがって、平均値の差の検定結果は等分散を仮定する t 検定の結果を採用することにする。

有意確率 ＝ 0.164 ＞ 有意水準 0.05

なので、帰無仮説H_0は棄却されず、母平均に差があるとはいえない。すなわち、男女の書籍代に差があるとはいえない。

1−3 Mann-Whitney の検定

例題 6-3 （例題 6-1、6-2 の再掲）

あるアンケートでつぎのような質問を行った。

（質問１）あなたの性別をお答えください。　　　　　　男　・　女

（質問２）あなたの１ヶ月当たりの書籍代をお答えください。　（　　　　）円

回答者全体を（質問１）の答えにもとづき男女に分けてから、（質問２）の答えを一覧表にしたのがつぎのデータ表である。男女それぞれ 20 人ずつ回答している。

データ表

男		女	
12,000	40,000	9,000	33,500
19,000	33,000	14,000	30,000
9,500	50,000	6,000	32,500
31,000	23,000	28,000	18,000
12,500	10,500	5,500	4,000
21,000	22,000	16,000	17,000
20,000	34,000	15,000	30,500
18,500	11,000	7,000	8,000
25,000	32,000	27,000	29,000
13,000	24,000	10,000	26,000

男と女で書籍代に差があるかどうか検定せよ。

■ 考え方

アンケートで得られるようなデータには、外れ値が存在したり、データに特定の分布を仮定できない（正規分布と仮定できない）ことがよくある。このようなときには、**ノンパラメトリック法**が有効である。ノンパラメトリック法は、データに特定の分布を仮定しない解析方法の総称であり、これから紹介する手法はノンパラメトリック法の中のひとつの手法である。また、ノンパラメトリック法の特徴は、データを順位値（データを大小の順で並べ替えたときの順位）に変換し、順位値を解析の対象とするところにある。順位値に変換することで、もとのデータの分布を問題としないで解析できるようにしている。

この例題は男女の書籍代の中心位置の違いを検定する問題であり、一般には先の例題のように t 検定が用いられる。しかし、t 検定は正規分布を仮定した検定方法なので、正規分布を仮定できない場合には不適切である。このようなときによく使われる検定方法が**Mann-Whitneyの検定**とよばれるノンパラメトリック法である。実はこの方法はすでに第５章の順序カテゴリの分割表を解析する手法として紹介している。

■ 順位和検定

帰無仮説と対立仮説はつぎのようになる。

帰無仮説 H_0：２つのグループの中心位置は同じである。
対立仮説 H_1：２つのグループの中心位置はズレている。

この例題では、２つのグループ（男と女）の書籍代に差があるかどうかが興味の対象なので両側仮説である。

いま、第１グループのデータ数（サンプルサイズ）を n_1、第２グループのデータ数を n_2、全体のデータ数を n（$=n_1+n_2$）とする。

順位和検定では、最初に２つのグループのデータを一緒にして、小さいほうから順に $1, 2, \cdots, n$ と順位をつける。つぎに、第１グループの順位和（順位の合計）W_1 と第２グループの順位和 W_2 を求める。

ここで、データ数の少ないほうのグループの順位和を W とし、そのデータ数を m とする。検定統計量 z はつぎのようになる。

$$z = \frac{W - \dfrac{m(n+1)}{2}}{\sqrt{\dfrac{n_1 n_2 (n+1)}{12}}}$$

有意確率は検定統計量 z が帰無仮説のもとで平均０、標準偏差１の標準正規分布に従うことを利用して算出する。

■ ＳＰＳＳによる解法

手順１ データの入力

例題６－１の形式と同様に入力する。

手順２ ノンパラメトリック検定の選択

メニューの〔分析〕－〔ノンパラメトリック検定〕－〔過去のダイアログ〕－〔２個の独立サンプルの検定〕を選択する。

手順 3　変数の選択と検定方法の選択

〔検定変数リスト〕には「書籍代」を投入する。

〔グループ化変数〕には横軸に表示したい変数である「性別」を投入する。

〔検定の種類〕は〔Mann-WhitneyのU〕を選択する。

ここで〔グループの定義〕をクリックする。

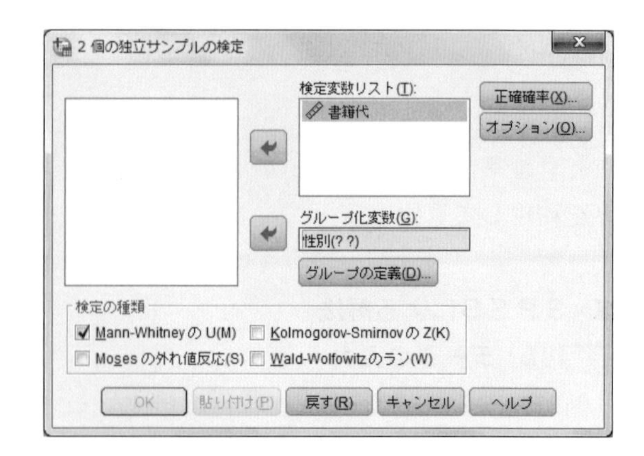

〔グループ1〕に「1」、〔グループ2〕に「2」と入力する。〔続行〕をクリックすると前の画面にもどるので、〔グループ化変数〕のところが「性別(1 2)」となっているのを確認する。

〔ＯＫ〕をクリックすると、検定の結果が得られる。

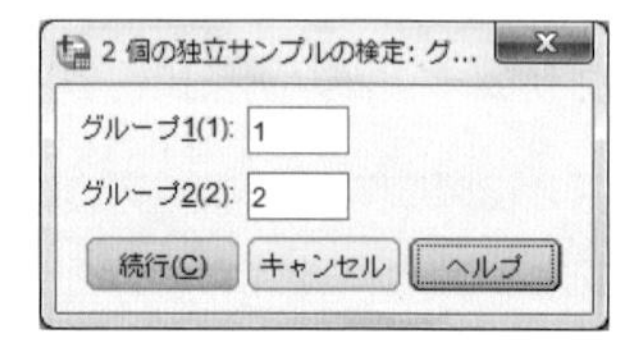

■ Mann-Whitney 検定の結果

順位

	性別	度数	平均ランク	順位和
書籍代	男	20	23.10	462.00
	女	20	17.90	358.00
	合計	40		

検定統計量[a]

	書籍代
Mann-Whitney の U	148.000
Wilcoxon の W	358.000
Z	-1.407
漸近有意確率 (両側)	.160
正確な有意確率 [2*(片側有意確率)]	.165[b]

a. グループ化変数: 性別

b. 同順位に修正されていません。

■ 結果の見方

有意確率 ＝ 0.160 ＞ 有意水準 0.05

なので、帰無仮説H_0は棄却されない。すなわち、男女の書籍代に差があるとはいえない。

（注）正確有意確率を用いても有意確率 ＝ 0.165 であるから、結論は変わらない。

参考：データのグラフ化

２つのグループのデータを比較するときのグラフとして、層別ヒストグラムや箱ひげ図が考えられるが、この２つのグラフ手法は、どちらのグループのデータも50～100以上は必要になる。データが少ないときは、幹葉図やドットプロットを利用するとよい。

ここでは、ドットプロットの例を示そう。

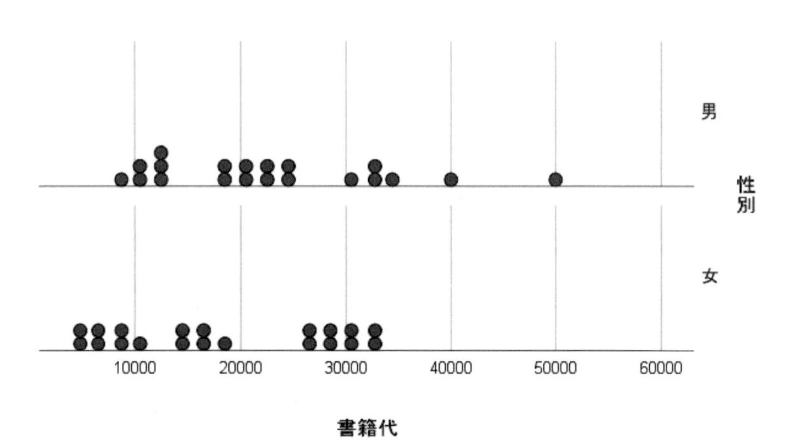

§2 対応がある場合の平均値の比較

2−1 時系列プロットによるグラフ表現

例題 6-4

あるアンケートでつぎのような質問を昨年と今年の２回、同一人物に行った。

（質問）あなたの１ヶ月当たりの書籍代をお答えください。
（　　　　）円

この回答結果を整理したのがつぎのデータ表である。20 人が回答している。

データ表

回答者	昨年	今年	回答者	昨年	今年
1	12,000	10,000	11	40,000	52,000
2	19,000	16,000	12	33,000	46,000
3	9,500	8,000	13	50,000	53,500
4	31,000	32,400	14	23,000	32,500
5	12,500	13,800	15	10,500	10,000
6	21,000	22,450	16	22,000	27,000
7	20,000	22,500	17	34,000	38,000
8	18,500	31,000	18	11,000	15,500
9	25,000	23,100	19	32,000	40,500
10	13,000	3,000	20	24,000	32,000

昨年と今年では書籍代に差があるといえるかどうかを視察するグラフを作成せよ。

■ 時系列プロット

この例題では、２つのグループ（昨年と今年）が同一人物のデータであるという点でペア（対）になっており、このような状態をデータに対応があるという。データに対応があるときには折れ線グラフが有効である。

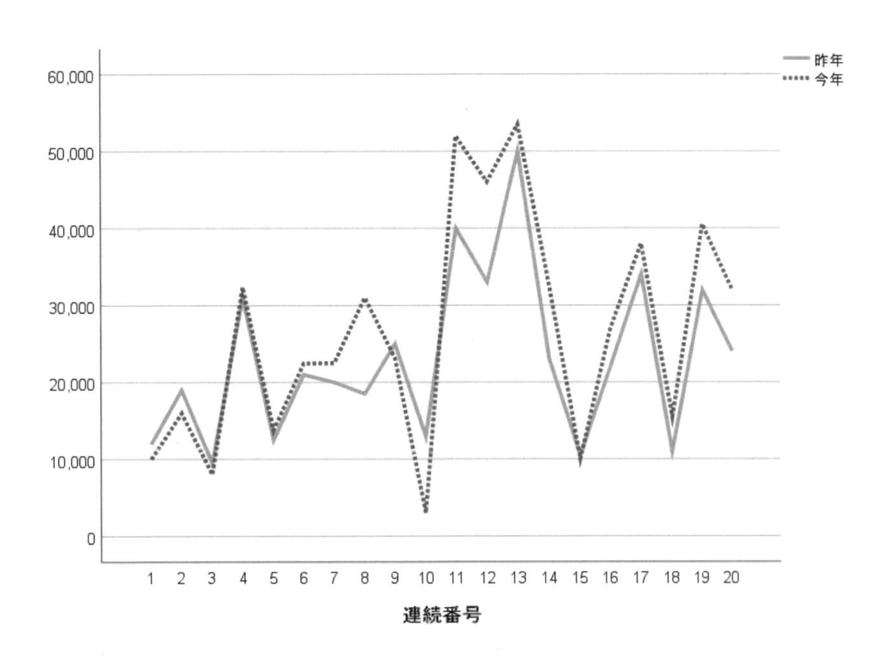

なお､右のようなグラフを作成する場合もあるが､回答者が多いと線の数が多くなり見にくくなる。

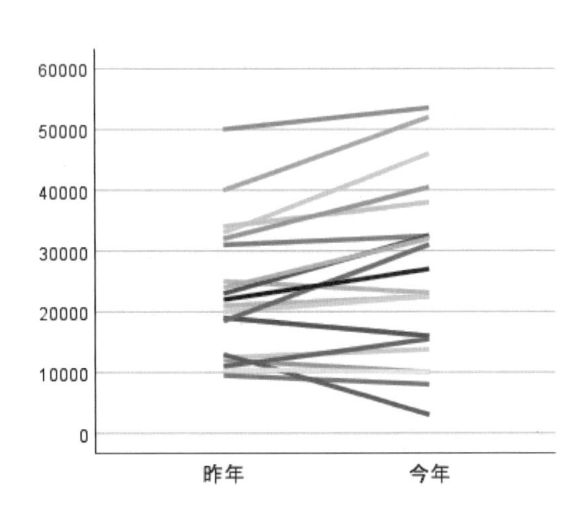

■ ＳＰＳＳによる解法

手順 1　データの入力

1列目に昨年のデータを、２列目に今年のデータを入力する。

手順 2　系列プロットの選択

メニューの〔分析〕－〔時系列〕－〔時系列グラフ〕を選択する。

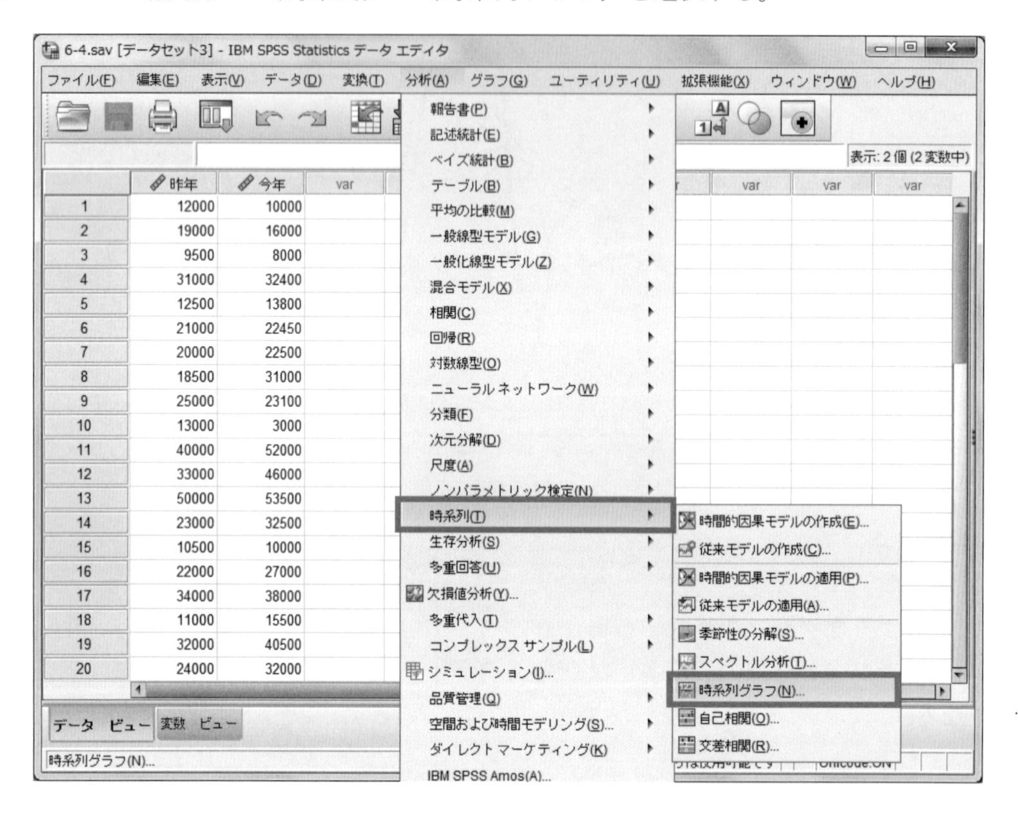

つぎのようなダイアログボックスが現れる。

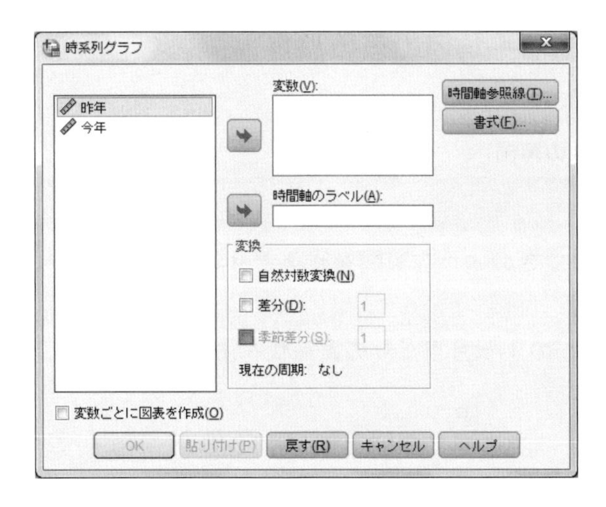

〔変数〕に「昨年」と「今年」を投入する。

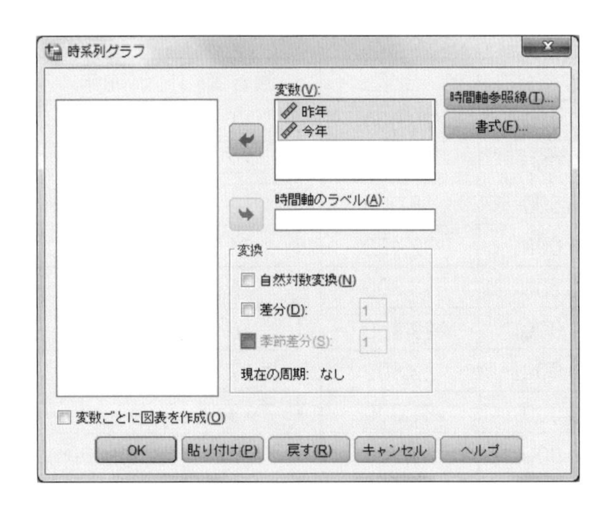

〔ＯＫ〕をクリックするとグラフが作成される（p. 201）。

2−2 対応のある平均値の差の検定

例題 6-5 （例題 6-4 の再掲）

あるアンケートでつぎのような質問を昨年と今年の２回、同一人物に行った。

（質問）あなたの１ヶ月当たりの書籍代をお答えください。

（　　　　）円

この回答結果を整理したのがつぎのデータ表である。20 人が回答している。

データ表

回答者	昨年	今年
1	12,000	10,000
2	19,000	16,000
3	9,500	8,000
4	31,000	32,400
5	12,500	13,800
6	21,000	22,450
7	20,000	22,500
8	18,500	31,000
9	25,000	23,100
10	13,000	3,000

回答者	昨年	今年
11	40,000	52,000
12	33,000	46,000
13	50,000	53,500
14	23,000	32,500
15	10,500	10,000
16	22,000	27,000
17	34,000	38,000
18	11,000	15,500
19	32,000	40,500
20	24,000	32,000

昨年と今年では書籍代に差があるといえるどうかを検定せよ。

■ 考え方

この例題における昨年のデータ20個と今年のデータ20個は同一人物が回答しているので、ペア（対）になっている。このような２つのグループを対応のある２つの標本と呼ぶ。

対応のある２つの標本における平均値の差を検定するには、対応のある**２つの母平均の差の検定**が用いられる。この検定においても t 検定が用いられるが、独立な２つの標本の検定に用いられる t 検定とは計算方法が異なる。

■ 検定の仮説

この例題で検定しようとしている仮説は、つぎのように表される。

$$\text{帰無仮説}\ \mathrm{H}_0 : \mu_1 - \mu_2 = 0$$

$$\text{対立仮説}\ \mathrm{H}_1 : \mu_1 - \mu_2 \neq 0$$

ここに、μ_1 は昨年の書籍代の母平均、μ_2 は今年の書籍代の母平均を表す。

■ ＳＰＳＳによる解法

手順１　データの入力

例題６－４の形式と同様に入力する。

手順２　t 検定の選択

メニューの〔分析〕－〔平均の比較〕－〔対応のあるサンプルの t 検定〕を選択する。

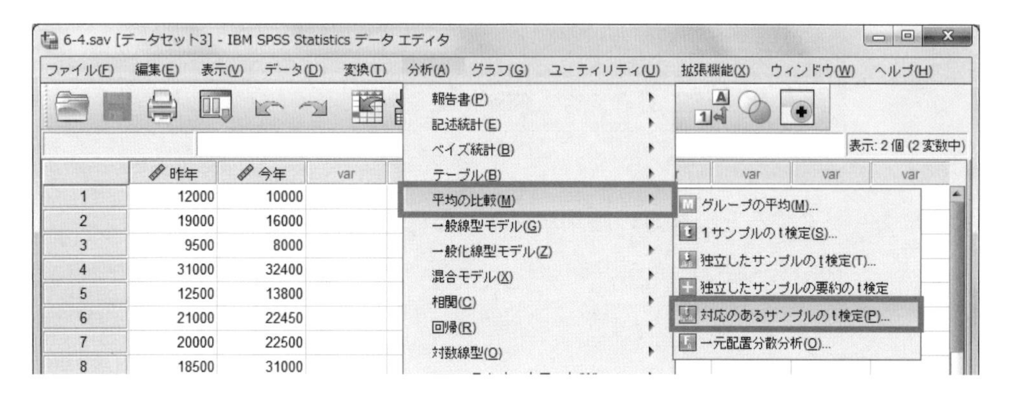

つぎのようなダイアログボックスが現れる。

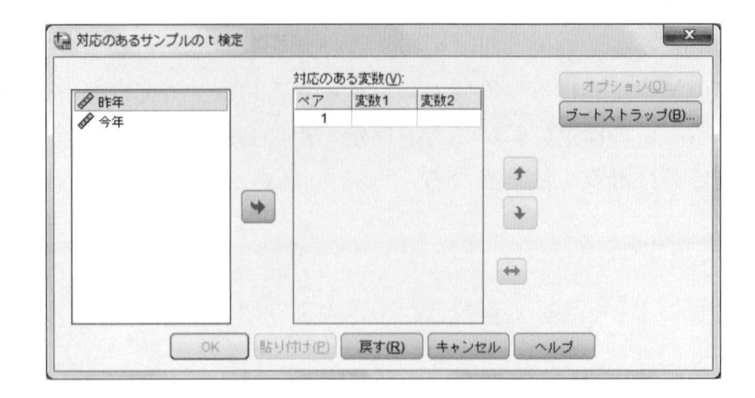

手順 3 変数の選択

〔対応のある変数〕には「昨年」と「今年」を投入する。

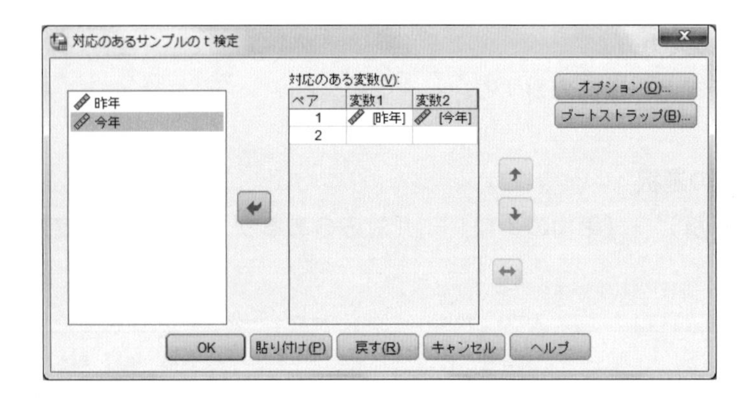

〔ＯＫ〕をクリックすると、検定の結果が得られる。

■ 対応のある t 検定の結果

対応サンプルの統計量

		平均値	度数	標準偏差	平均値の標準誤差
ペア1	昨年	23050.00	20	10889.275	2434.916
	今年	26462.50	20	14662.491	3278.633

対応サンプルの相関係数

		度数	相関係数	有意確率
ペア1	昨年 & 今年	20	.935	.000

対応サンプルの検定

		対応サンプルの差							
					差の 95% 信頼区間				
		平均値	標準偏差	平均値の標準誤差	下限	上限	t 値	自由度	有意確率 (両側)
ペア1	昨年 - 今年	-3412.500	5927.009	1325.320	-6186.426	-638.574	-2.575	19	.019

■ 結果の見方

有意確率 ＝ 0.019 ＜ 有意水準 0.05

なので、帰無仮説 H_0 は棄却される。すなわち、今年と昨年の書籍代には差があるといえる。

2−3 Willcoxon の符号付順位検定

例題 6-6 **(例題 6-4、例題 6-5 の再掲)**

あるアンケートでつぎのような質問を昨年と今年の２回、同一人物に行った。

(質問) あなたの１ヶ月当たりの書籍代をお答えください。

(　　　　) 円

この回答結果を整理したのがつぎのデータ表である。20 人が回答している。

データ表

回答者	昨年	今年
1	12,000	10,000
2	19,000	16,000
3	9,500	8,000
4	31,000	32,400
5	12,500	13,800
6	21,000	22,450
7	20,000	22,500
8	18,500	31,000
9	25,000	23,100
10	13,000	3,000

回答者	昨年	今年
11	40,000	52,000
12	33,000	46,000
13	50,000	53,500
14	23,000	32,500
15	10,500	10,000
16	22,000	27,000
17	34,000	38,000
18	11,000	15,500
19	32,000	40,500
20	24,000	32,000

昨年と今年では書籍代に差があるといえるどうかを検定せよ。

■ 考え方

Willcoxon の順位和検定（Mann-Whitney の検定）は、２グループのデータがまったく別々に、つまり、独立に収集された場面で適用できる手法である。

この例題の場合は、２グループのデータが独立ではなく、ペア（対）になって得られている。このようなときには、データに対応があることになり、**Willcoxon の符号付順位検定**を適用する。

■ 符号付順位検定

帰無仮説と対立仮説は、つぎのようになる。

（両側仮説の場合）

帰無仮説 H_0 ：２つのグループの中心位置は同じである。

対立仮説 H_1 ：２つのグループの中心位置はズレている。

（片側仮説の場合）

帰無仮説 H_0 ：２つのグループの中心位置は同じである。

対立仮説 H_1 ：１つのグループの中心位置は右（左）にズレている。

Willcoxon の符号付順位検定では、最初にペアの差（昨年と今年の差）d を求める。そして、差の絶対値 $|d|$ について、小さいほうから順に順位を付ける。なお、順位を付けるときに差 d が０のものは無視する。

つぎに、$d>0$ と $d<0$ の２群に分ける。そして、$d>0$ の群についての順位和 T_1 と、$d<0$ の群についての順位和 T_2 を求める。

T_1 と T_2 の小さいほうを T とし、データ数（ペアの数）を n とすると、検定統計量 z はつぎのようになる。

$$z = \frac{T - \dfrac{n(n+1)}{4}}{\sqrt{\dfrac{n(n+1)(2n+1)}{24}}}$$

有意確率は検定統計量 z が帰無仮説のもとで平均０、標準偏差１の標準正規分布に従うことを利用して算出する。

■ ＳＰＳＳによる解法

手順１　データの入力

例題６－４の形式と同様に入力する。

手順２　ノンパラメトリック検定の選択

メニューの〔分析〕－〔ノンパラメトリック検定〕－〔過去のダイアログ〕－〔２個の対応サンプルの検定〕を選択する。

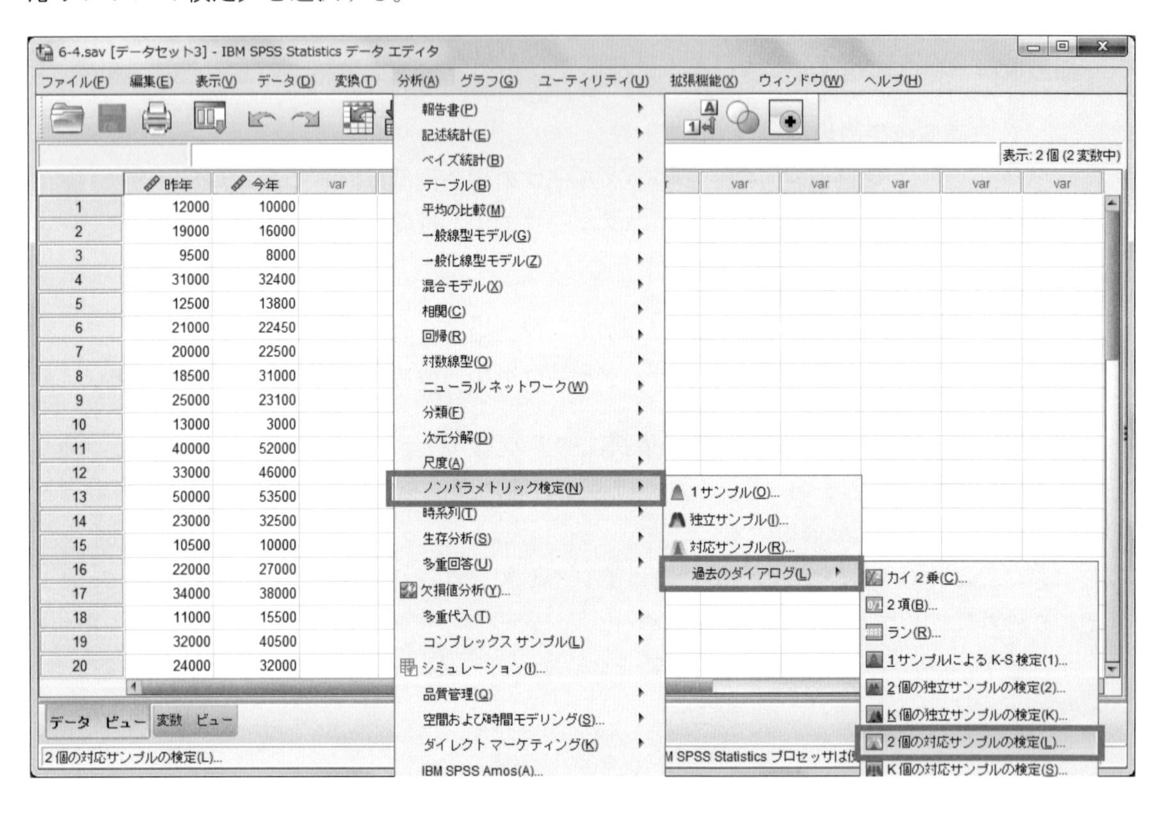

つぎのようなダイアログボックスが現れる。

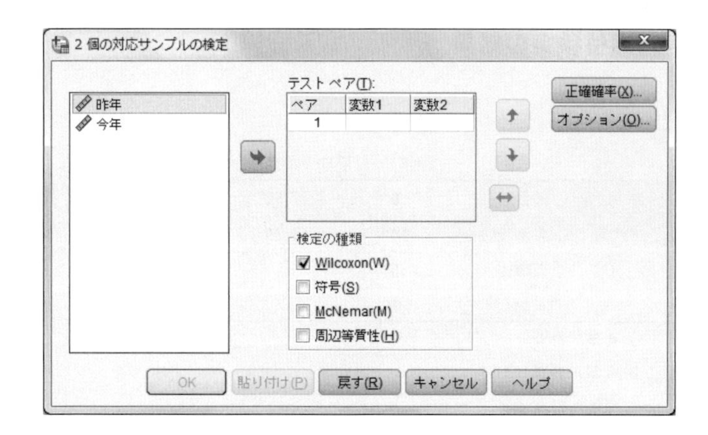

手順 3 変数の選択と検定方法の選択

〔テストペア〕には「昨年」と「今年」を投入する。

〔検定の種類〕は〔Wilcoxon〕を選択する。

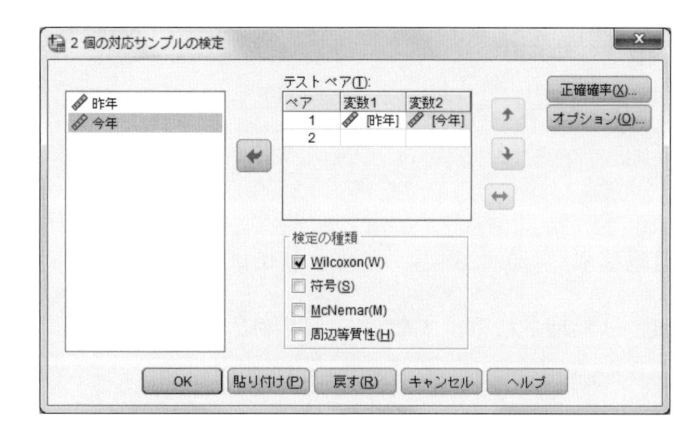

〔ＯＫ〕をクリックすると検定結果が得られる。

■ Willcoxon の符号付順位検定の結果

順位

		度数	平均ランク	順位和
今年 - 昨年	負の順位	6[a]	7.50	45.00
	正の順位	14[b]	11.79	165.00
	同順位	0[c]		
	合計	20		

a. 今年 < 昨年

b. 今年 > 昨年

c. 今年 = 昨年

検定統計量[a]

	今年 - 昨年
Z	-2.240[b]
漸近有意確率 (両側)	.025

a. Wilcoxon の符号付き順位検定

b. 負の順位に基づく

■ 結果の見方

有意確率 ＝ 0.025 ＜ 有意水準 0.05

なので、帰無仮説 H_0 は棄却される。すなわち、昨年と今年の書籍代に差があるといえる。

第7章 相関分析

§1 数量データ同士の相関関係

§2 順位データ同士の相関関係

§1 数量データ同士の相関関係

1−1 相関係数と散布図

例題 7-1

あるアンケートで年齢と収入を質問した。その回答結果を整理したのが、つぎのデータ表である。16 人が回答している。

データ表

回答者	年齢	年収
1	24	350
2	25	380
3	34	450
4	30	450
5	26	460
6	27	470
7	34	480
8	32	480
9	31	500
10	35	500
11	36	510
12	31	520
13	35	520
14	33	520
15	50	530
16	42	540

年齢と収入の関係を分析せよ。

■ 相関関係の把握

年齢と収入というような２つの数量データ（間隔尺度データ）があるとき、一方のデータの変化にともなって、もう一方のデータも変化するような関係を**相関関係**という。一方のデータを x、もう一方のデータを y としよう。x が増えると y も増えるような関係を**正の相関関係**、x が増えると y は減るような関係を**負の相関関係**、どちらの関係も見られない場合を**無相関**という。

このような相関関係を把握するには２つの方法を用いるのが基本である。

① 散布図による視覚的把握
② 相関係数による数値的把握

相関係数は**ピアソン**（Pearson）**の相関係数**とも呼ばれ、r という記号で表すのが慣例である。

相関係数 r は -1 から１の間の値をとる。r の値が正ならば正の相関関係があることを示し、１に近いほど相関関係は強い。r の値が負ならば負の相関関係があることを示し、-1 に近いほど相関関係は強い。無相関のときには r は0に近い値となる。

■ ＳＰＳＳによる解法

手順１ データの入力

１列目に年齢のデータ、２列目に年収のデータを入力する。

7-1.sav [データセット1] - IBM SPSS Statistics データ エディタ

ファイル(F) 編集(E) 表示(V) データ(D) 変換(T) 分析(A) グラフ(G) ユーティリティ(U) 拡張機能(X) ウィンドウ(W) ヘルプ(H)

表示: 2 個 (2 変数中)

	年齢	年収	var	var	var	var	var	var	var	var
1	24	350								
2	25	380								
3	34	450								
4	30	450								
5	26	460								
6	27	470								
7	34	480								
8	32	480								
9	31	500								
10	35	500								

手順 2 散布図の作成

メニューの〔グラフ〕－〔レガシーダイアログ〕－〔散布図/ドット〕を選択する。

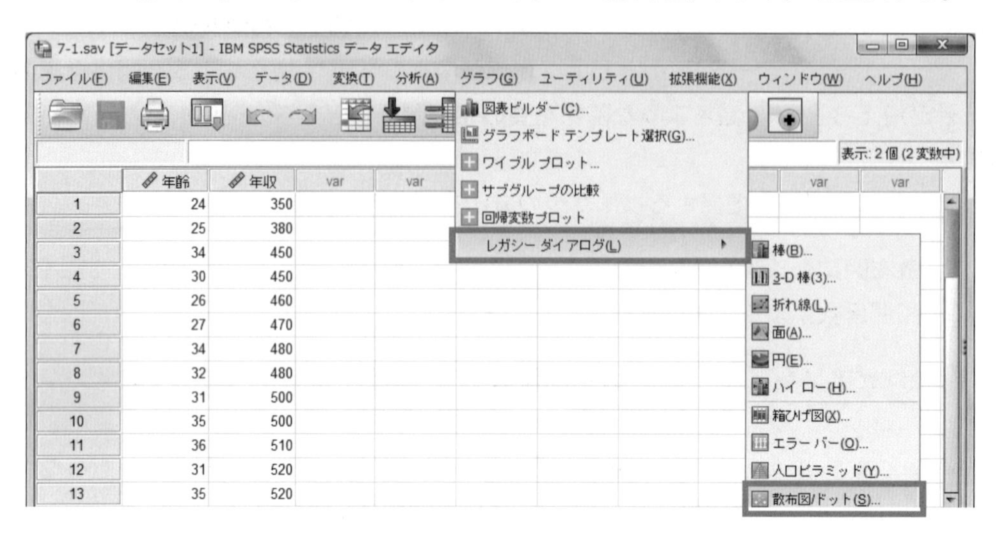

現れるダイアログボックスで〔単純な散布〕を選択して、〔定義〕をクリックする。

右のようなダイアログボックスが現れる。

この例題では、縦軸を年収、横軸を年齢とすべきなので、〔Y軸〕に「年収」、〔X軸〕に「年齢」を投入する。

(注) 散布図は縦軸（Y軸）に結果系データ、横軸（X軸）に原因系データを配置するのがルールである。

〔ＯＫ〕をクリックすると散布図が作成される。

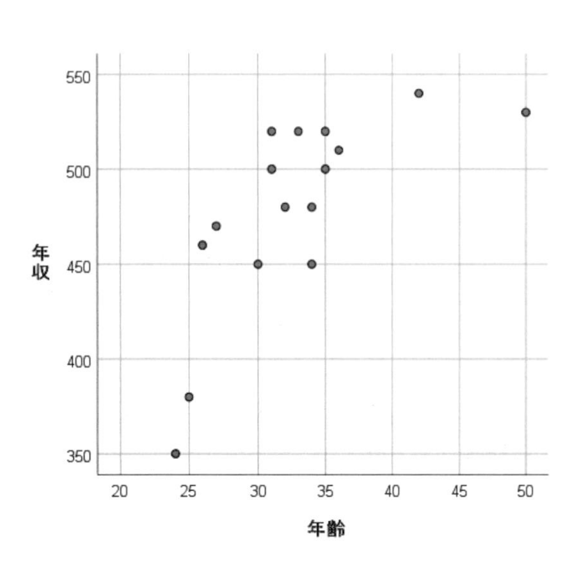

手順 3 相関係数の算出

メニューの〔分析〕－〔相関〕－〔2変量〕を選択する。

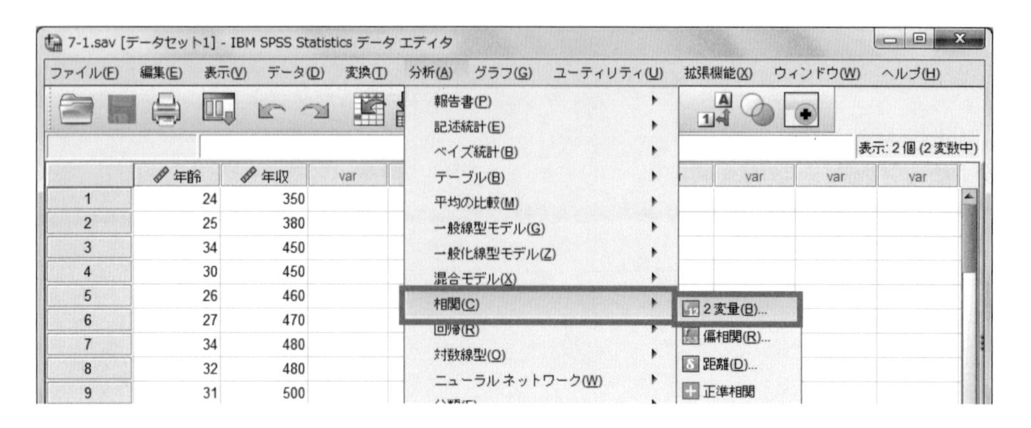

つぎのようなダイアログボックスが現れる。

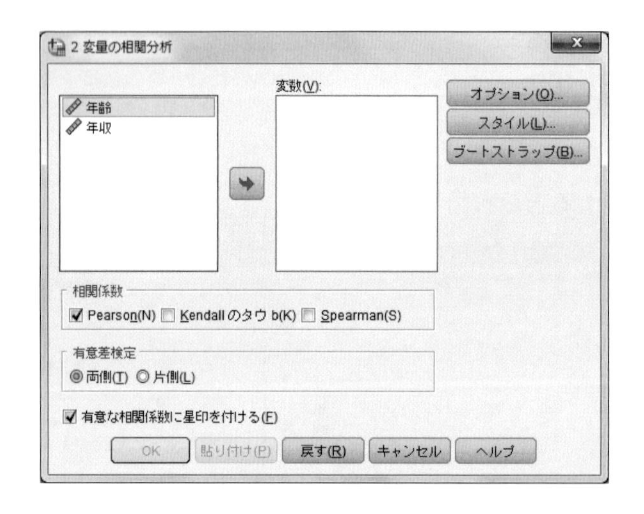

ここで、〔変数〕に「年齢」と「年収」を投入する。
〔相関係数〕のところで〔Pearson〕を選択する。

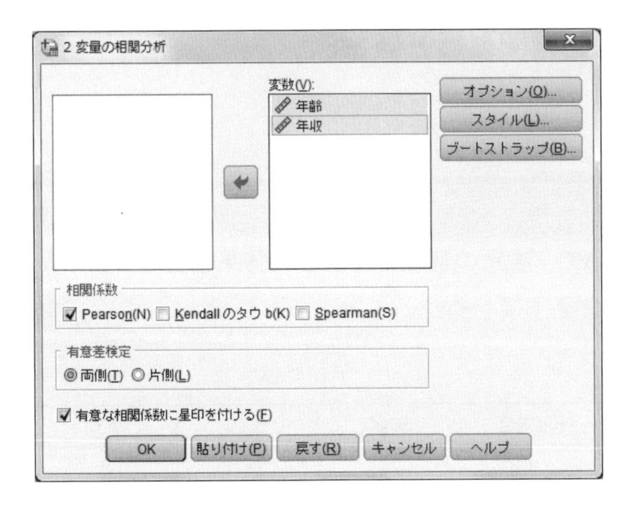

〔ＯＫ〕をクリックすると相関係数が算出される。

相関

		年齢	年収
年齢	Pearson の相関係数	1	.719**
	有意確率 (両側)		.002
	度数	16	16
年収	Pearson の相関係数	.719**	1
	有意確率 (両側)	.002	
	度数	16	16

**. 相関係数は 1% 水準で有意 (両側) です。

■ 結果の見方

相関係数 ＝ 0.719

有意確率 ＝ 0.002 ＜ 有意水準 0.05

したがって、年齢と年収の間には相関があるといえる。

1−2　層別した相関係数と散布図

例題 7-2

例題７－１において、性別の情報を追加した結果を整理したのが、つぎのデータ表である。16 人が回答している。

データ表

回答者	年齢	年収	性別
1	24	350	女
2	25	380	女
3	34	450	女
4	30	450	女
5	26	460	男
6	27	470	男
7	34	480	女
8	32	480	女
9	31	500	男
10	35	500	男
11	36	510	女
12	31	520	男
13	35	520	男
14	33	520	男
15	50	530	男
16	42	540	男

男女に層別して（分けて）、年齢と収入の関係を分析せよ。

■ ＳＰＳＳによる解法

手順 1 データの入力

１列目に年齢のデータ、２列目に年収のデータ、３列目に性別のデータを入力する。

7-2.sav [データセット2] - IBM SPSS Statistics データ エディタ

ファイル(F) 編集(E) 表示(V) データ(D) 変換(T) 分析(A) グラフ(G) ユーティリティ(U) 拡張機能(X) ウィンドウ(W) ヘルプ(H)

表示: 3 個 (3 変数中)

	年齢	年収	性別	var	var	var	var	var	var	var
1	24	350	女							
2	25	380	女							
3	34	450	女							
4	30	450	女							
5	26	460	男							
6	27	470	男							
7	34	480	女							
8	32	480	女							
9	31	500	男							
10	35	500	男							
11	36	510	女							
12	31	520	男							

手順 2 散布図の作成

メニューの〔グラフ〕－〔レガシーダイアログ〕－〔散布図/ドット〕を選択する。

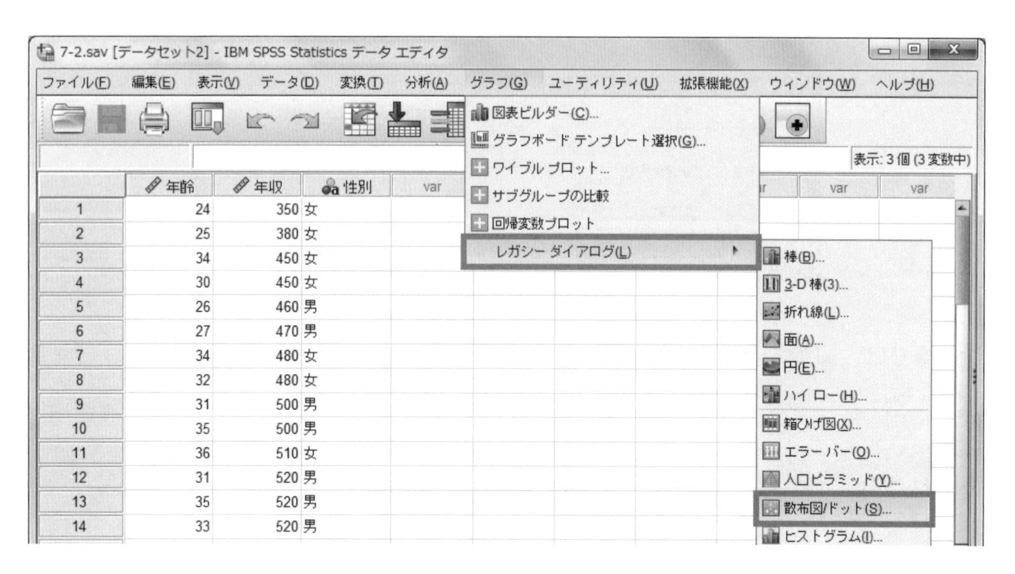

現れるダイアログボックスで〔単純な散布〕を選択して、〔定義〕をクリックする。

つぎのようなダイアログボックスが現れる。

この例題では、縦軸を年収、横軸を年齢とすべきなので、〔Y軸〕に「年収」、〔X軸〕に「年齢」、〔マーカーの設定〕に「性別」を投入する。

（注）散布図は縦軸（*Y*軸）に結果系データ、横軸（*X*軸）に原因系データを配置するのがルールである。

〔ＯＫ〕をクリックすると男女で層別された散布図が作成される。

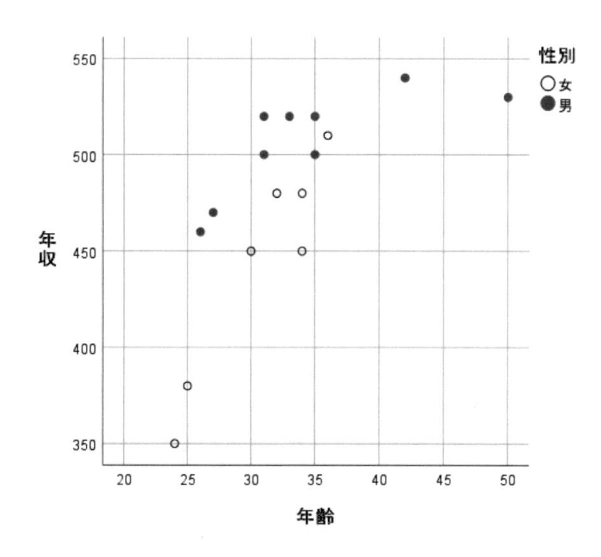

手順 3 層のグループ化

メニューの〔データ〕－〔ファイルの分割〕を選択する。

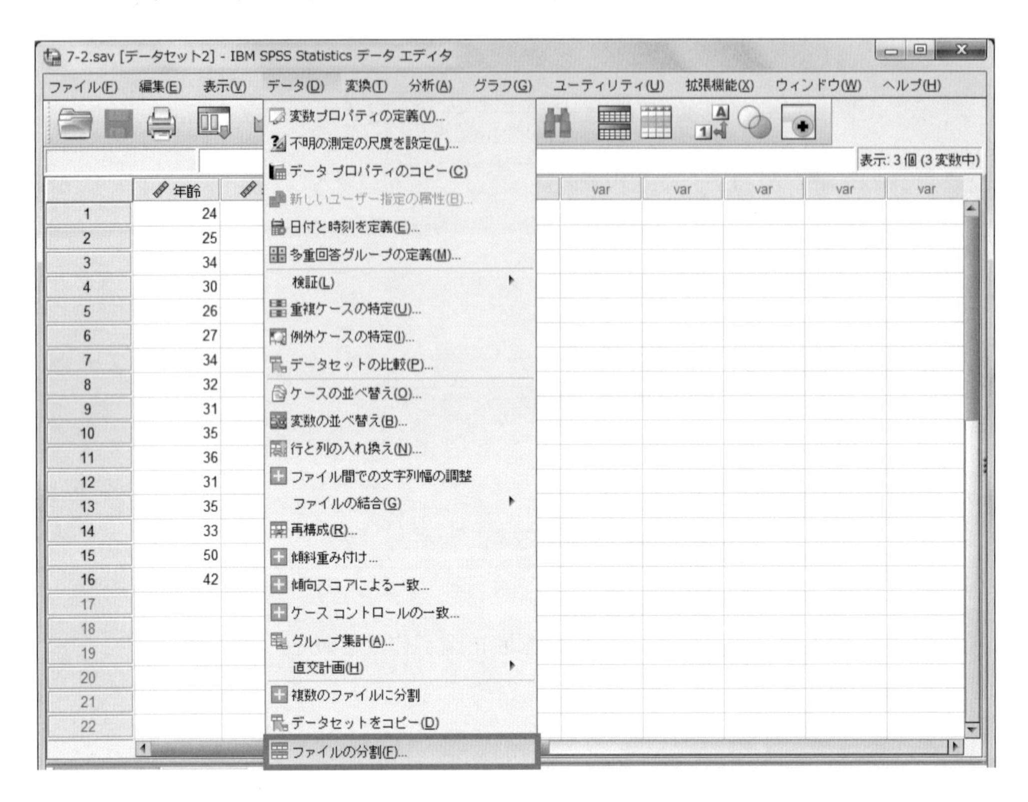

男女で比べたいので、〔グループの比較〕を選択して、〔グループ化変数〕に「性別」を投入する。

〔ＯＫ〕をクリックする。

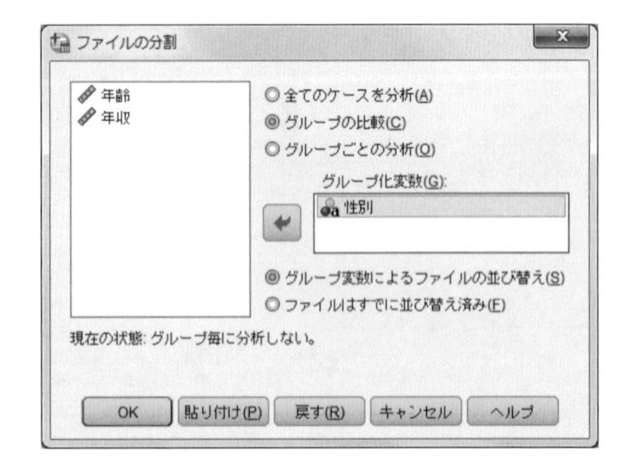

手順 4　相関係数の算出

メニューの〔分析〕－〔相関〕－〔2変量〕を選択する。

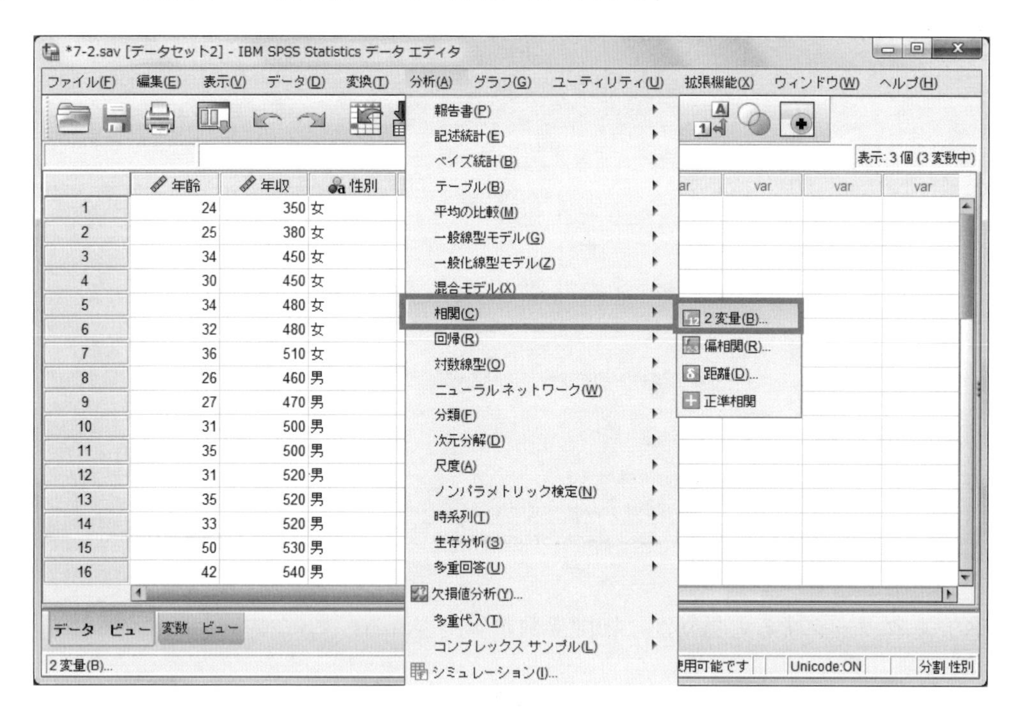

つぎのようなダイアログボックスが現れる。

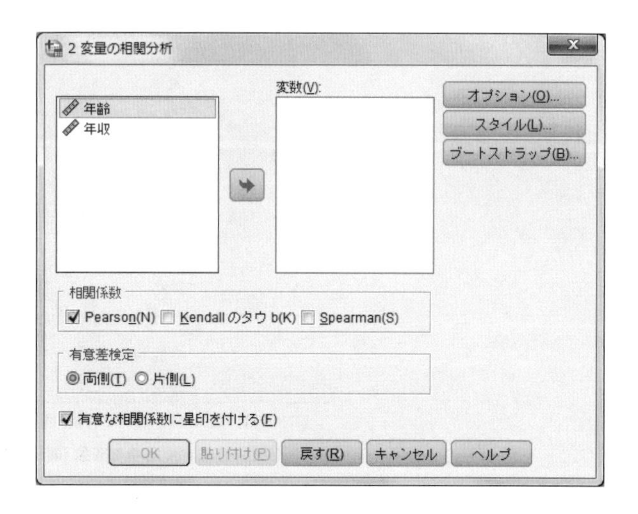

ここで、〔変数〕に「年齢」と「年収」を投入する。
〔相関係数〕のところでは〔Pearson〕を選択する。

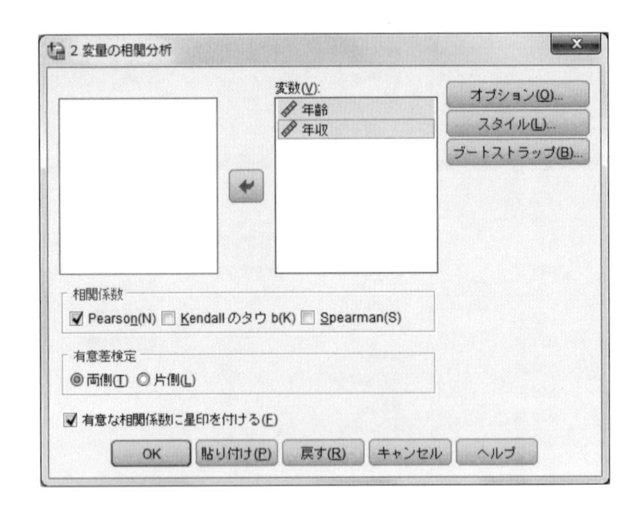

〔ＯＫ〕をクリックすると男女別に相関係数が算出される。

相関

性別			年齢	年収
女	年齢	Pearson の相関係数	1	.950**
		有意確率 (両側)		.001
		度数	7	7
	年収	Pearson の相関係数	.950**	1
		有意確率 (両側)	.001	
		度数	7	7
男	年齢	Pearson の相関係数	1	.768*
		有意確率 (両側)		.016
		度数	9	9
	年収	Pearson の相関係数	.768*	1
		有意確率 (両側)	.016	
		度数	9	9

**. 相関係数は 1% 水準で有意 (両側) です。

*. 相関係数は 5% 水準で有意 (両側) です。

■ **結果の見方**

女の場合は

相関係数 ＝ 0.950
有意確率 ＝ 0.001 < 有意水準 0.05

となる。したがって、年齢と年収の間には相関があるといえる。

男の場合は

相関係数 ＝ 0.768
有意確率 ＝ 0.016 < 有意水準 0.05

となる。したがって、年齢と年収の間には相関があるといえる。

この例題の場合は、男女どちらも年齢と年収の間に相関があるといえる。ただし、女性のほうが相関は強いようである。

補足：層ごとの散布図の作成

【層ごとの散布図】

散布図を層ごとに作成するときは、p. 223の画面で〔マーカーの設定〕ではなく、〔パネル〕のところの〔行〕に「性別」を投入すると、層ごとの散布図を作成することができる。

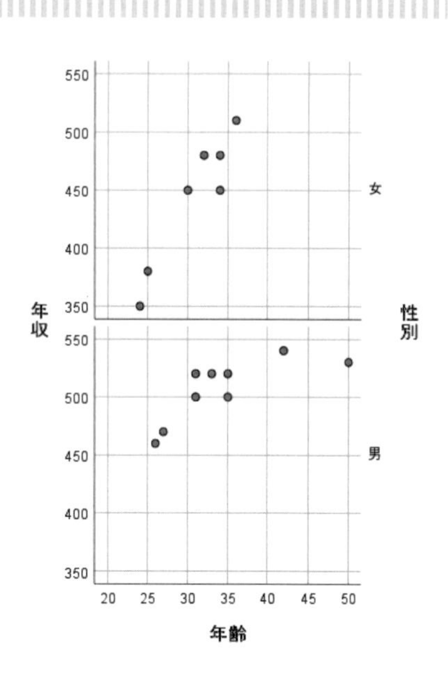

§2 順位データ同士の相関関係

2−1 順位相関係数

例題 7-3

例題７－１において、順位相関係数を求めよ。

■ 考え方

順位データ同士の相関関係を調べるには、順位相関係数を使う。順位データが得られる場合は、もともと順位としてデータが得られている場合のほかに、数量データを順位に置き換えた場面が考えられる。

順位相関係数には、つぎの２種類の相関係数がある。

① Spearman（スピアマン）**の順位相関係数**（ρ_S）
② Kendall（ケンドール）**の順位相関係数**（τ）

これらの２つの相関係数は計算方法が異なり、結果も一致しない。多くの場合、スピアマンの順位相関係数のほうがケンドールの順位相関係数よりも高い値になる。

■ ＳＰＳＳによる解法

手順 1 順位相関係数の算出

メニューの〔分析〕－〔相関〕－〔２変量〕を選択する。

7-1.sav [データセット1] - IBM SPSS Statistics データ エディタ

ファイル(F) 編集(E) 表示(V) データ(D) 変換(T) 分析(A) グラフ(G) ユーティリティ(U) 拡張機能(X) ウィンドウ(W) ヘルプ(H)

報告書(P) / 記述統計(E) / ベイズ統計(B) / テーブル(B) / 平均の比較(M) / 一般線型モデル(G) / 一般化線型モデル(Z) / 混合モデル(X) / 相関(C) / 回帰(R) / 対数線型(O) / ニューラル ネットワーク(W) / 分類(F) / 次元分解(D) / 尺度(A) / ノンパラメトリック検定(N) / 時系列(T) / 生存分析(S) / 多重回答(U)

2 変量(B)... / 偏相関(R)... / 距離(D)... / 正準相関

表示: 2 個 (2 変数中)

	年齢	年収
1	24	350
2	25	380
3	34	450
4	30	450
5	26	460
6	27	470
7	34	480
8	32	480
9	31	500
10	35	500
11	36	510
12	31	520
13	35	520
14	33	520
15	50	530
16	42	540

手順 2 変数の選択

ここで、〔変数〕に「年齢」と「年収」を投入する。

〔相関係数〕は〔Pearson〕のチェックをはずして、〔Kendallのタウ〕と〔Spearman〕を選ぶ。

〔ＯＫ〕をクリックすると相関係数が算出される。

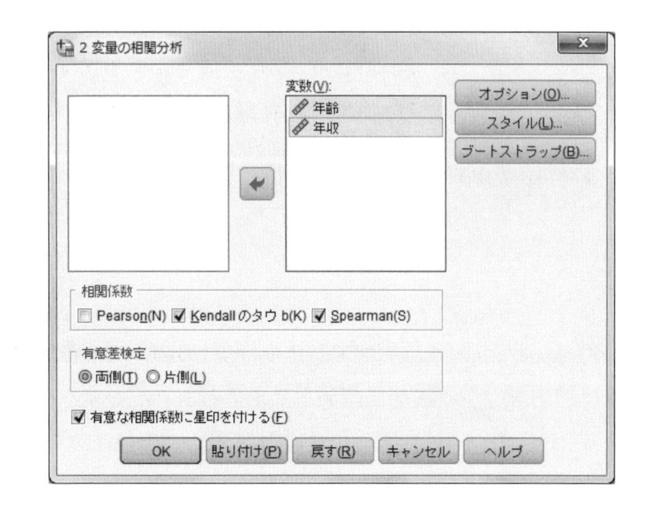

相関

			年齢	年収
Kendallのタウb	年齢	相関係数	1.000	.632**
		有意確率 (両側)	.	.001
		度数	16	16
	年収	相関係数	.632**	1.000
		有意確率 (両側)	.001	.
		度数	16	16
Spearmanのロー	年齢	相関係数	1.000	.769**
		有意確率 (両側)	.	.000
		度数	16	16
	年収	相関係数	.769**	1.000
		有意確率 (両側)	.000	.
		度数	16	16

**. 相関係数は 1% 水準で有意 (両側) です。

■ 結果の見方

Spearman の順位相関係数 $\rho_S = 0.769$
Kendall の順位相関係数 $\tau = 0.632$

と求められている。

Spearman の有意確率 ＝ 0.000 ＜ 有意水準 0.05
Kendall の有意確率 ＝ 0.001 ＜ 有意水準 0.05

順位相関係数はどちらも有意である。

（注）Spearmanの順位相関係数はKendallの順位相関係数に比べて計算方法が容易であり、Excelのような表計算ソフトを使えば簡単に求めることができるという利点がある。一方、３種類以上の相関係数（一致係数）への拡張という観点からは、Kendallのほうがわかりやすく、好まれている。

2−2 一致係数

例題 7-4

ビールを６種類（A、B、C、D、E、F）用意し、10 人の評価者に美味しいと思われる順に順位を付けてもらった。その結果がつぎのデータ表である。

データ表

	ビール					
評価者	A	B	C	D	E	F
P1	1	4	5	2	6	3
P2	2	3	6	1	5	4
P3	2	3	6	1	4	5
P4	2	3	6	1	4	5
P5	2	5	4	1	3	6
P6	1	3	6	2	4	5
P7	2	6	3	1	5	4
P8	1	4	5	2	3	6
P9	2	4	5	1	6	3
P10	3	5	4	1	2	6

10 人の評価は一致しているといえるか検討せよ。

■ 考え方

２人の順位の付け方が一致しているかどうかを見るには相関係数が有効である。しかし、この例題では10人全体の順位の付け方を問題にしている。３人以上の順位の付け方が一致しているかどうかを見るには**Kendallの一致係数**が使われる。

■ Kendallの一致係数

いま、m 人の評価者が n 個の対象物に順位を付けたときに、評価者の順位付けに一致性があるのかどうかを見る指標として、Kendallの一致係数 W がある。

一致係数は、評価者 i が対象物 j に付けた順位を R_{ij} とすると、つぎの式を使って求められる。

$$W = \frac{12\sum_{j=1}^{m}\left(\sum_{i=1}^{n}R_{ij}\right)^2}{m^2n\,(n^2-1)} - \frac{3(n+1)}{n-1}$$

$0 \leqq W \leqq 1$ が成立し、$W=0$ のときは順位がまったく一致せず、1に近づくほど一致の度合いはよくなり、$W=1$ のときは順位が完全に一致する。

■ 一致係数に関する検定

Kendallの一致係数 W を用いて、つぎのような仮説を検定することができる。

帰無仮説H_0：評価者の順位の付け方に規則性はない。
対立仮説H_1：評価者の順位の付け方は一致している。

検定統計量 χ^2 はつぎの式で求められる。

$$\chi^2 = m(n-1)W$$

検定のための有意確率は、χ^2 値が帰無仮説のもとでは自由度 $n-1$ の χ^2 分布に従うことを利用して算出する。

■ ＳＰＳＳによる解法

手順1 データの入力

7-4.sav [データセット3] - IBM SPSS Statistics データ エディタ

	A	B	C	D	E	F	var	var	var	var
1	1	4	5	2	6	3				
2	2	3	6	1	5	4				
3	2	3	6	1	4	5				
4	2	3	6	1	4	5				
5	2	5	4	1	3	6				
6	1	3	6	2	4	5				

手順2 ノンパラメトリック検定の選択

メニューから〔分析〕－〔ノンパラメトリック検定〕－〔過去のダイアログ〕－〔K個の対応サンプルの検定〕を選択する。

つぎのようなダイアログボックスが現れる。

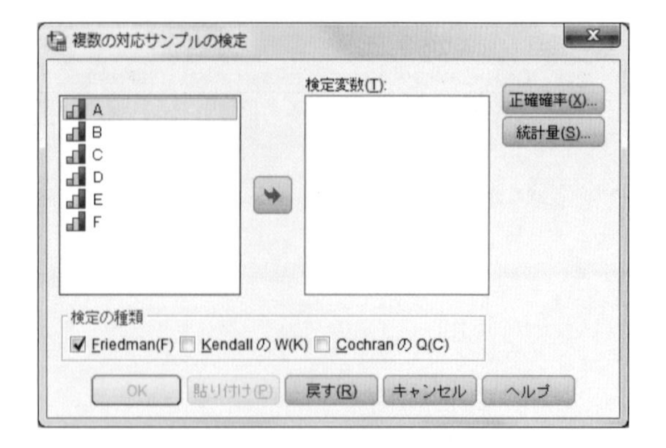

手順 3　検定方法の選択

〔検定変数〕は「A」から「F」までのすべてを投入する。

〔検定の種類〕のところは〔KendallのW〕を選択する。

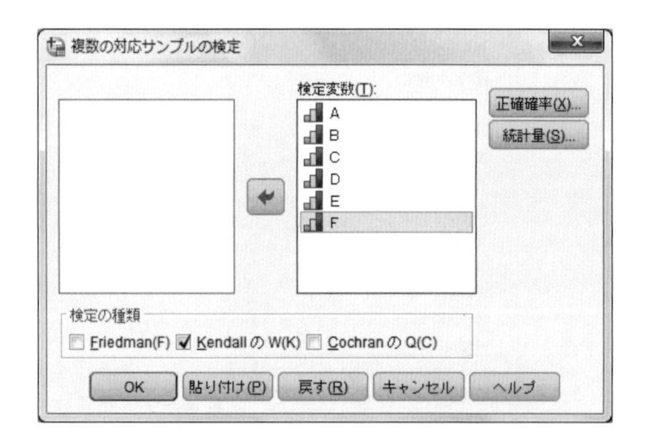

〔OK〕をクリックするとKendallの一致係数 W が得られる。

■ 解析結果

順位

	平均ランク
A	1.80
B	4.00
C	5.00
D	1.30
E	4.20
F	4.70

検定統計量

度数	10
Kendall の W[a]	.695
カイ 2 乗	34.743
自由度	5
漸近有意確率	.000

a. Kendall の一致係数

■ 結果の見方

Kendallの一致係数 W と有意確率は、つぎのようになる。

$$\text{一致係数 } W = 0.695$$

$$\text{有意確率} = 0.000 < \text{有意水準 } 0.05$$

したがって、評価者の順位付けには一致性があるといえる。

また、順位付けに一致性があるということは、ビールの美味しさに差があるということを意味している。

なお、この順位付けに一致性があるということは、全員が同じ順位付けをしているという意味ではなく、おおよその傾向として順位の付け方が似ているという意味である。

2−3 順序尺度の相関係数

例題 7-5

ある教育機関が講習会の満足度について、受講生 30 人を対象にアンケートを行った。質問の内容はつぎの通りであった。各質問は 7 段階評価である。

（質問 1）講習会の内容は受講目的と一致していましたか？

1	2	3	4	5	6	7
全く不一致			中間			完全に一致

（質問 2）講習会の内容はどの程度理解できましたか？

1	2	3	4	5	6	7
全く理解できない			中間			完全に理解できた

（質問 3）講習会の内容は実務で役に立ちますか？

1	2	3	4	5	6	7
全く役に立たない			中間			非常に役に立つ

（質問 4）教育施設の使い勝手はどのように感じましたか？

1	2	3	4	5	6	7
非常に使いにくい			中間			非常に使いやすい

（質問 5）講義時間の長さはどのように感じましたか？

1	2	3	4	5	6	7
短すぎる			中間			長すぎる

（質問 6）講習会全体の満足度はどの程度ですか？

1	2	3	4	5	6	7
非常に不満			中間			非常に満足

これらの質問に対する回答結果を一覧表にしたのが次頁のデータ表である。
各質問間の関係の強さを分析せよ。

データ表

回答者	質問1	質問2	質問3	質問4	質問5	質問6
1	2	2	3	2	1	2
2	3	5	2	2	4	4
3	4	7	5	6	4	7
4	2	3	2	2	6	3
5	1	4	4	1	3	4
6	2	3	3	3	5	3
7	3	4	4	1	4	4
8	1	2	4	1	5	2
9	5	5	5	5	3	6
10	4	6	6	5	5	6
11	1	1	1	2	1	1
12	6	7	6	5	4	7
13	3	5	5	2	3	5
14	7	7	5	5	4	7
15	6	7	7	6	4	7
16	4	5	5	1	3	4
17	2	3	2	1	1	2
18	3	4	4	2	5	4
19	2	4	4	2	5	5
20	4	7	3	1	3	5
21	3	3	5	1	5	5
22	7	7	7	7	4	7
23	2	3	2	2	2	3
24	6	6	4	4	4	7
25	5	5	4	5	3	6
26	4	6	5	2	3	5
27	3	4	3	1	6	3
28	5	5	6	4	5	6
29	1	1	1	1	7	1
30	4	4	3	2	5	4

■ 考え方

例題７－１と同じく、散布図と相関係数で関係の強さを把握するのが基本である。ただし、順序尺度の場合には散布図よりもクロス集計表のほうが有益な場合があるので、２つの質問間の関係を見るときには、散布図だけでなく、クロス集計表も併用するとよい。

さて、この例題は全部で６つの質問があるので、２つずつの組合せが15通りできることになる。したがって、15個の散布図を作ることになるが、このようなときには散布図行列を作成するとよい。

相関係数については、データを間隔尺度とみなすならば、例題７－１と同じようにPearson（ピアソン）の相関係数を計算すればよい。順序尺度のまま解析するならば、順位相関係数を計算するとよい。例題７－３で紹介したように、順位相関係数にはSpearmanの順位相関係数とKendallの順位相関係数がある。

ＳＰＳＳではこれら３つの相関係数は一度に算出できるので、すべて見ておくことにする。

■ 順序尺度の解析について

この例題におけるデータは順序尺度のデータである。一般に順序尺度のデータを統計的に解析するときは、つぎの３つの考え方がある。

① そのまま順序尺度のデータとして解析する。
② 順序情報を無視して名義尺度のデータとして解析する。
③ 等間隔であると仮定して（みなして）間隔尺度のデータとして解析する。

順序尺度のデータを解析する考え方としては、当然ながら①の考え方が最もよい。しかしながら、順序尺度のデータを解析する手法は間隔尺度のデータを解析する手法に比べて種類が少なく、解析結果も複雑になる傾向がある。そこで実務上は③の考え方、すなわち、スケール間の間隔を等間隔であるとみなして、間隔尺度と同じように解析することが多い。これは理論的には問題があるものの、実務上のメリットのほうをとろうということである。

ところで、この例題は７段階の評価結果であるが、経験上は５段階以上ならば、等間隔とみなして解析しても大きな不具合はないであろう。ちなみに、中間回答が存在しない４段階や６段階のような場合には、等間隔性の問題があるので、間隔尺度とみなして解析すべきでないという意見があることを記しておく。

■ ＳＰＳＳによる解法

手順 1 データの入力

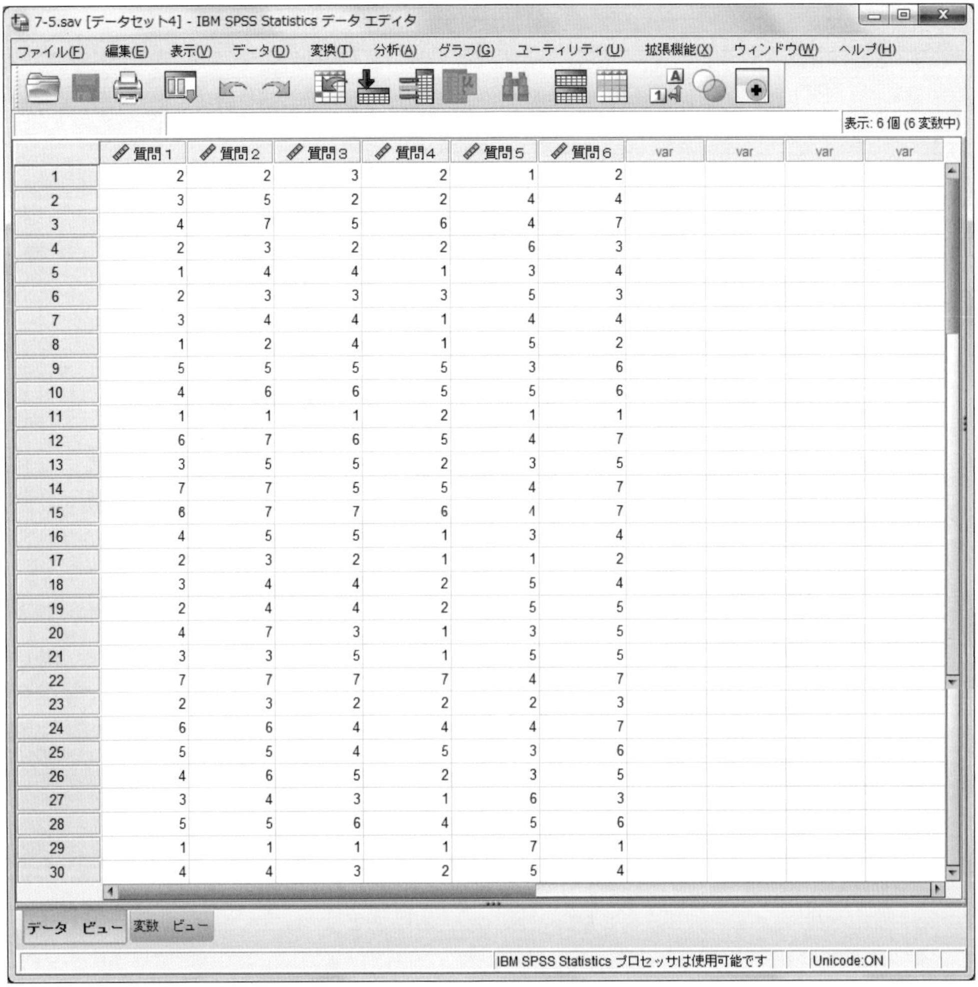

7-5.sav [データセット4] - IBM SPSS Statistics データ エディタ

ファイル(F) 編集(E) 表示(V) データ(D) 変換(T) 分析(A) グラフ(G) ユーティリティ(U) 拡張機能(X) ウィンドウ(W) ヘルプ(H)

表示: 6 個 (6 変数中)

	質問1	質問2	質問3	質問4	質問5	質問6	var	var	var	var
1	2	2	3	2	1	2				
2	3	5	2	2	4	4				
3	4	7	5	6	4	7				
4	2	3	2	2	6	3				
5	1	4	4	1	3	4				
6	2	3	3	3	5	3				
7	3	4	4	1	4	4				
8	1	2	4	1	5	2				
9	5	5	5	5	3	6				
10	4	6	6	5	5	6				
11	1	1	1	2	1	1				
12	6	7	6	5	4	7				
13	3	5	5	2	3	5				
14	7	7	5	5	4	7				
15	6	7	7	6	4	7				
16	4	5	5	1	3	4				
17	2	3	2	1	1	2				
18	3	4	4	2	5	4				
19	2	4	4	2	5	5				
20	4	7	3	1	3	5				
21	3	3	5	1	5	5				
22	7	7	7	7	4	7				
23	2	3	2	2	2	3				
24	6	6	4	4	4	7				
25	5	5	4	5	3	6				
26	4	6	5	2	3	5				
27	3	4	3	1	6	3				
28	5	5	6	4	5	6				
29	1	1	1	1	7	1				
30	4	4	3	2	5	4				

データ ビュー　変数 ビュー

IBM SPSS Statistics プロセッサは使用可能です　Unicode:ON

手順 2　散布図行列の作成

メニューの〔グラフ〕－〔レガシーダイアログ〕－〔散布図/ドット〕を選択する。

7-5.sav [データセット4] - IBM SPSS Statistics データ エディタ

ファイル(F)　編集(E)　表示(V)　データ(D)　変換(T)　分析(A)　グラフ(G)　ユーティリティ(U)　拡張機能(X)　ウィンドウ(W)　ヘルプ(H)

図表ビルダー(C)...
グラフボード テンプレート選択(G)...
ワイブル プロット...
サブグループの比較
回帰変数プロット
レガシー ダイアログ(L)

棒(B)...
3-D 棒(3)...
折れ線(L)...
面(A)...
円(E)...
ハイ ロー(H)...
箱ひげ図(X)...
エラー バー(O)...
人口ピラミッド(Y)...
散布図/ドット(S)...

表示: 6 個 (6 変数中)

	質問1	質問2	質問3	質問4	質問5	質問6	var	var	var
1	2	2	3						
2	3	5	2						
3	4	7	5						
4	2	3	2	2	6	3			
5	1	4	4	1	3	4			
6	2	3	3	3	5	3			
7	3	4	4	1	4	4			
8	1	2	4	1	5	2			
9	5	5	5	5	3	6			
10	4	6	6	5	5	6			
11	1	1	1	2	1	1			
12	6	7	6	5	4	7			
13	3	5	5	2	3	5			

現れるダイアログボックスで〔行列散布図〕を選択して、〔定義〕をクリックする。

右のようなダイアログボックスが現れる。

〔行列の変数〕に「質問１」から「質問６」のすべてを投入する。

〔ＯＫ〕をクリックすると、行列散布図が作成される。

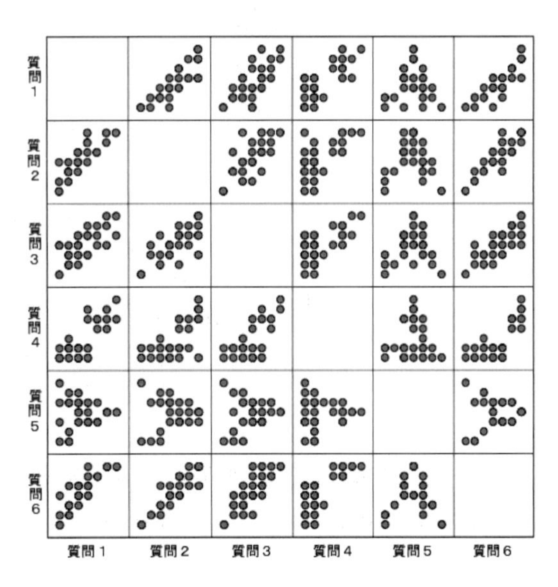

(注) ＳＰＳＳでは「行列散布図」と呼んでいるが、「散布図行列」という呼称のほうが一般的である。

手順 3　相関係数の算出

メニューの〔分析〕－〔相関〕－〔２変量〕を選択する。

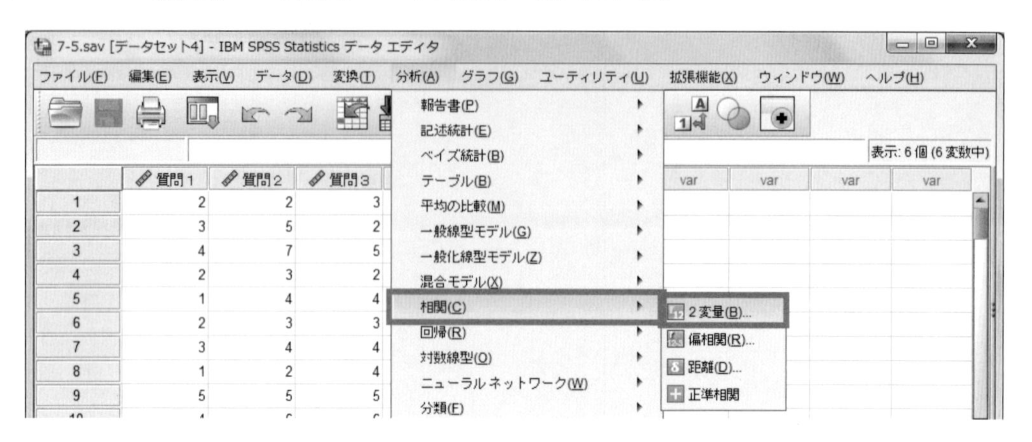

つぎのようなダイアログボックスが現れる。

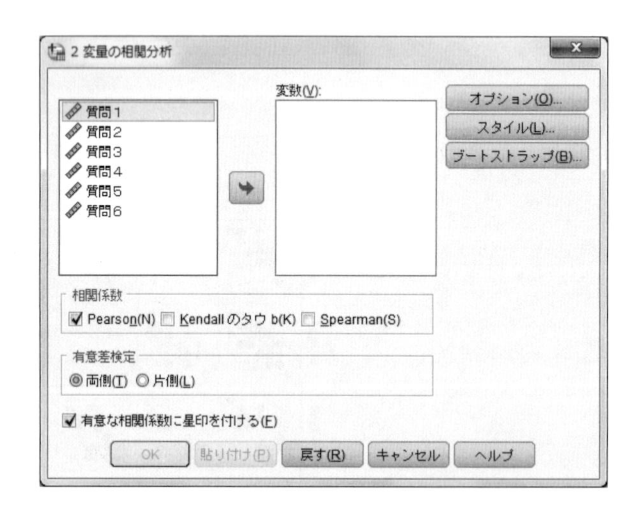

ここで、〔変数〕に「質問１」から「質問６」のすべてを投入する。

〔相関係数〕のところでは、〔Pearson〕、〔Kendall のタウ〕、〔Spearman〕を選択する。

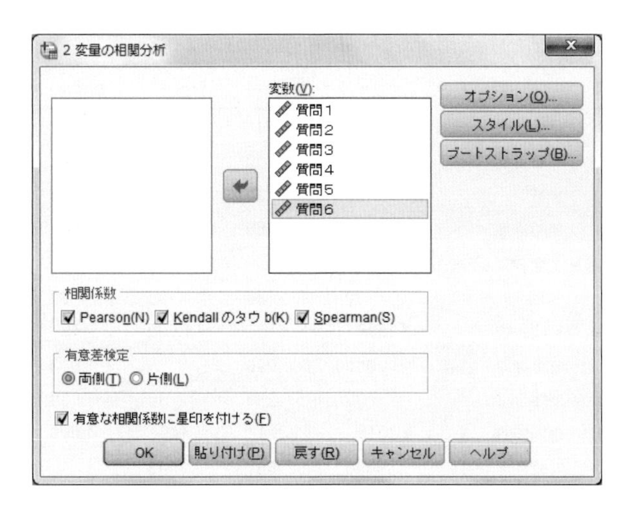

〔ＯＫ〕をクリックすると相関係数が算出される。

相関

		質問1	質問2	質問3	質問4	質問5	質問6
質問1	Pearson の相関係数	1	.850**	.720**	.771**	.033	.877**
	有意確率 (両側)		.000	.000	.000	.863	.000
	度数	30	30	30	30	30	30
質問2	Pearson の相関係数	.850**	1	.728**	.662**	.006	.909**
	有意確率 (両側)	.000		.000	.000	.973	.000
	度数	30	30	30	30	30	30
質問3	Pearson の相関係数	.720**	.728**	1	.651**	.101	.820**
	有意確率 (両側)	.000	.000		.000	.594	.000
	度数	30	30	30	30	30	30
質問4	Pearson の相関係数	.771**	.662**	.651**	1	.018	.771**
	有意確率 (両側)	.000	.000	.000		.926	.000
	度数	30	30	30	30	30	30
質問5	Pearson の相関係数	.033	.006	.101	.018	1	.094
	有意確率 (両側)	.863	.973	.594	.926		.621
	度数	30	30	30	30	30	30
質問6	Pearson の相関係数	.877**	.909**	.820**	.771**	.094	1
	有意確率 (両側)	.000	.000	.000	.000	.621	
	度数	30	30	30	30	30	30

**. 相関係数は 1% 水準で有意 (両側) です。

相関

			質問1	質問2	質問3	質問4	質問5	質問6
Kendallのタウb	質問1	相関係数	1.000	.769**	.598**	.546**	-.030	.796**
		有意確率 (両側)	.	.000	.000	.000	.837	.000
		度数	30	30	30	30	30	30
	質問2	相関係数	.769**	1.000	.610**	.514**	-.082	.822**
		有意確率 (両側)	.000	.	.000	.001	.575	.000
		度数	30	30	30	30	30	30
	質問3	相関係数	.598**	.610**	1.000	.449**	.033	.703**
		有意確率 (両側)	.000	.000	.	.003	.822	.000
		度数	30	30	30	30	30	30
	質問4	相関係数	.546**	.514**	.449**	1.000	-.032	.597**
		有意確率 (両側)	.000	.001	.003	.	.834	.000
		度数	30	30	30	30	30	30
	質問5	相関係数	-.030	-.082	.033	-.032	1.000	.005
		有意確率 (両側)	.837	.575	.822	.834	.	.970
		度数	30	30	30	30	30	30
	質問6	相関係数	.796**	.822**	.703**	.597**	.005	1.000
		有意確率 (両側)	.000	.000	.000	.000	.970	.
		度数	30	30	30	30	30	30
Spearmanのロー	質問1	相関係数	1.000	.872**	.714**	.676**	-.033	.884**
		有意確率 (両側)	.	.000	.000	.000	.861	.000
		度数	30	30	30	30	30	30
	質問2	相関係数	.872**	1.000	.709**	.605**	-.103	.899**
		有意確率 (両側)	.000	.	.000	.000	.587	.000
		度数	30	30	30	30	30	30
	質問3	相関係数	.714**	.709**	1.000	.548**	.048	.813**
		有意確率 (両側)	.000	.000	.	.002	.803	.000
		度数	30	30	30	30	30	30
	質問4	相関係数	.676**	.605**	.548**	1.000	-.021	.723**
		有意確率 (両側)	.000	.000	.002	.	.912	.000
		度数	30	30	30	30	30	30
	質問5	相関係数	-.033	-.103	.048	-.021	1.000	.006
		有意確率 (両側)	.861	.587	.803	.912	.	.976
		度数	30	30	30	30	30	30
	質問6	相関係数	.884**	.899**	.813**	.723**	.006	1.000
		有意確率 (両側)	.000	.000	.000	.000	.976	.
		度数	30	30	30	30	30	30

**. 相関係数は 1% 水準で有意 (両側) です。

■ 結果の見方

通常の Pearson の相関係数、Kendall の順位相関係数、Spearman の順位相関係数いずれも傾向は同じである。質問５以外はどの質問も互いに相関がある。質問５はどの質問とも相関がない。

ここで、質問５について考えてみる。質問５は講義時間が長すぎても、短すぎても好ましくなく、中間の４が最も好ましい状態になる。したがって、たとえば、質問６との散布図はつぎのようになる。

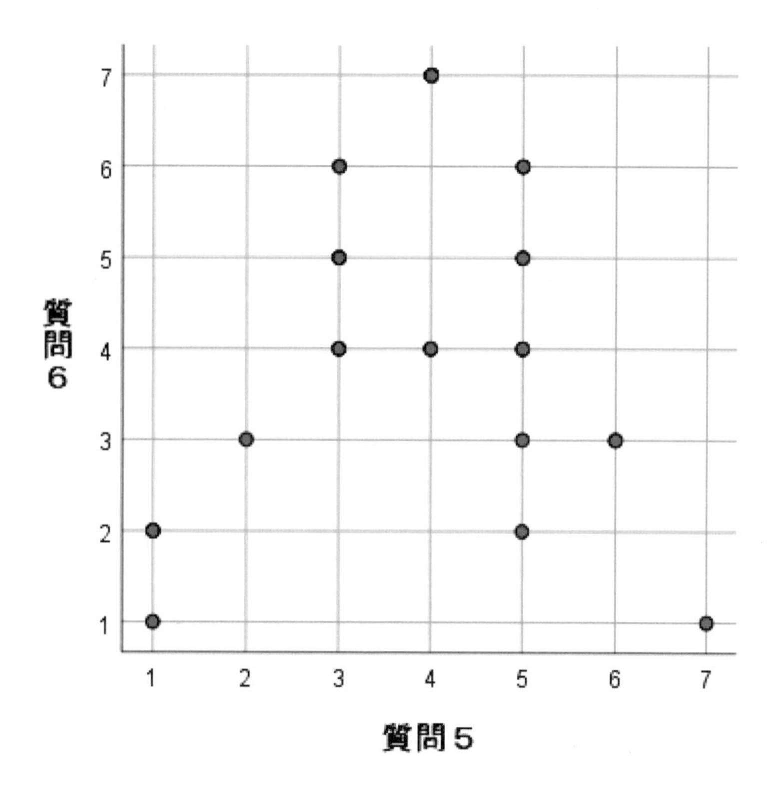

質問５と質問６の間には２次の曲線関係が見られる。このようなときには、関係は強くても相関係数の値は０に近い値になるので注意する必要がある。

参考：順位相関係数が有効な数値例

順位相関係数が有効な数値例を示そう。

（原データ）

x	y
0.1	0.1
0.2	0.2
0.3	0.4
0.4	0.3
0.5	0.5
0.7	0.7
0.8	0.6
0.9	0.8
1.1	0.8
1.2	1.4
1.3	5.9
1.4	8.2
1.5	7.1

（順位データ）

X	Y
1	1
2	2
3	4
4	3
5	5
6	7
7	6
8	8
9	9
10	10
11	11
12	13
13	12

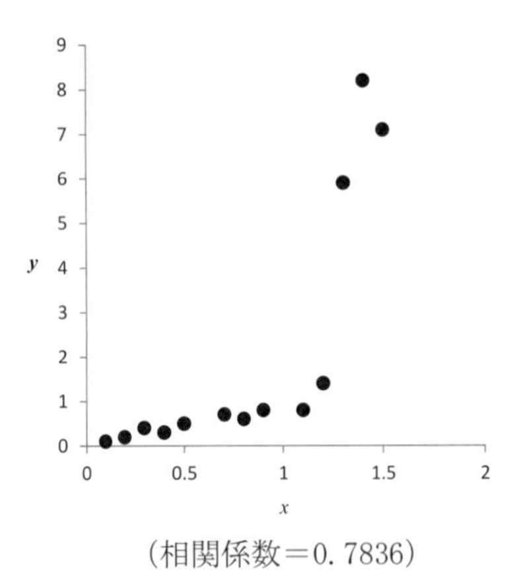

（相関係数＝0.7836）

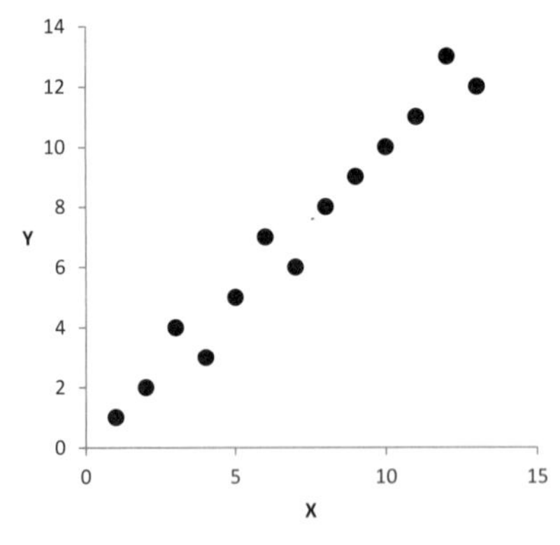

（Spearman の順位相関係数＝0.9835）

付録　コレスポンデンス分析

■　コレスポンデンス分析の適用

アンケート調査で得られたデータの解析に役立つ手法の一つにコレスポンデンス分析がある。コレスポンデンス分析（対応分析とも呼ばれる）は以下の３つのタイプのデータに適用することができる。

①　クロス集計表（分割表）
②　01 データ表（複数回答のデータ表）
③　アイテムカテゴリ型データ表（カテゴリデータで校正される一般的なデータ表）

これらのデータはアンケート調査では頻繁に得られるものであり、コレスポンデンス分析はアンケートの解析手法として非常に有効なものである。

■　クロス集計表（分割表）の解析例

次のようなクロス集計表（表中の数値は人数）が得られたとしよう。これはどのスポーツが最も好きかを質問して、回答結果を血液型別に集計したものである。

	テニス	ラグビー	野球	サッカー	バドミントン	卓球
A	8	10	40	6	12	4
B	12	6	10	6	20	6
O	4	6	5	15	3	7
AB	3	10	2	2	2	1

このようなクロス集計表の解析はχ^2乗検定と残差分析を行うのが定石である。一方、コレスポンデンス分析を適用することで、クロス集計表の情報を視覚的に捉えることが可能になる。次頁にコレスポンデンス分析の結果を示す。

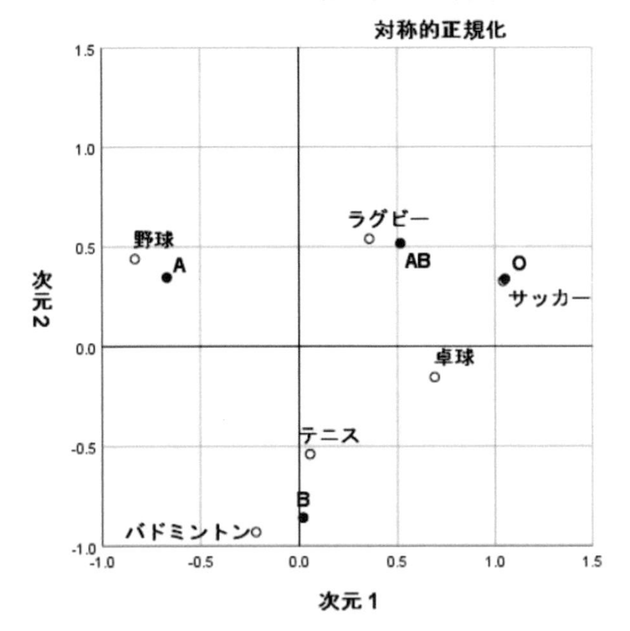

関係の強い行要素（血液型）と列要素（スポーツ）は近くに位置している。

■　０１データ表の解析例

つぎのようなアンケート調査を実施したとしよう。

スポーツの中で好きなものを、いくつでもいいので選んでください。

テニス　　ラグビー　　野球　　サッカー　　バドミントン　　卓球

これは複数回答の例となる。回答者の結果を次のように０と１で整理して、次頁のようなデータ表が得られたとしよう。該当するスポーツを選んでいれば１、選んでいなければ０としている。

回答者	テニス	ラグビー	野球	サッカー	バドミントン	卓球
1	1	1	0	0	1	0
2	1	0	0	0	1	0
3	1	1	0	0	1	0
4	1	0	0	0	0	0
5	1	0	0	0	0	0
6	1	0	0	0	1	0
7	1	0	0	0	1	0
8	1	0	0	0	1	0
9	1	0	1	0	1	1
10	0	0	1	0	1	1
11	0	0	1	0	1	1
12	0	0	1	0	0	1
13	0	1	1	0	0	1
14	0	1	1	0	0	0
15	0	1	1	1	0	0
16	0	1	0	1	0	0
17	0	1	0	1	0	0
18	0	1	0	1	1	1
19	0	0	0	1	1	1
20	0	0	0	1	0	1
21	0	0	0	1	0	1
22	0	1	0	1	0	0
23	0	1	0	0	0	0
24	0	1	0	0	0	0
25	0	1	0	0	1	0
26	0	1	1	0	0	0
27	0	0	1	0	0	0
28	0	0	0	1	0	0
29	0	0	0	1	0	1
30	0	1	0	0	1	0

コレスポンデンス分析はこのような０１型データ表にも適用することができて、複数回答の解析にも有用な手法である。以下に解析結果を示す。

＜ スポーツの布置図 ＞

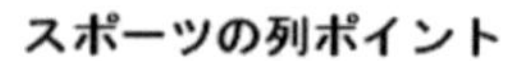

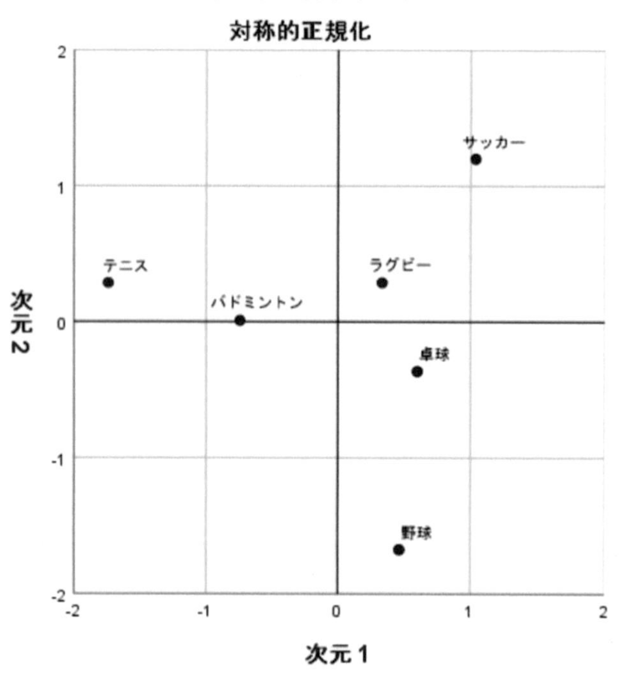

同時に選ばれるスポーツ同士は近くに位置している。

＜ 回答者の布置図 ＞

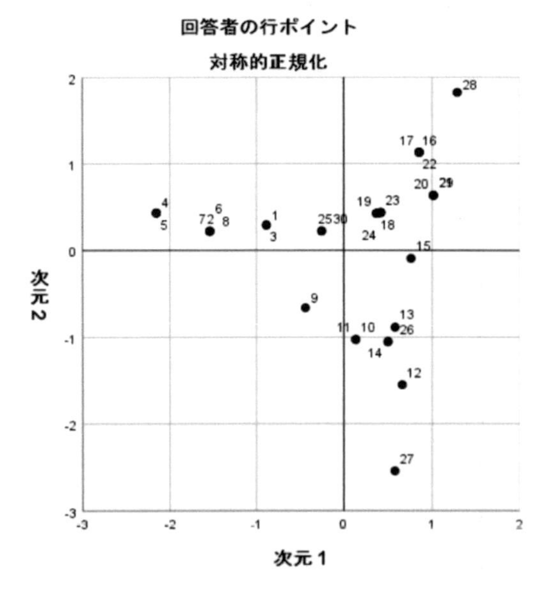

好きなスポーツの選び方が似ている人同士は近くに位置している。

＜ スポーツと回答者の同時布置図 ＞

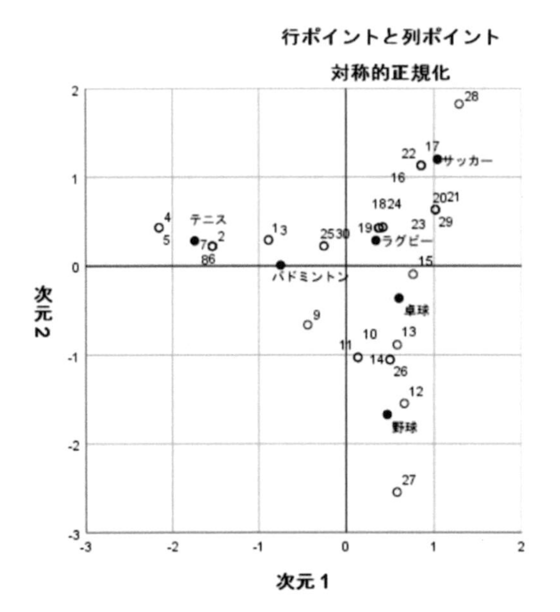

■　主成分分析による01データ表の解析例

01型データ表は主成分分析でも解析することができるので、以下に結果を示そう。

＜ スポーツの布置図（因子負荷プロット） ＞

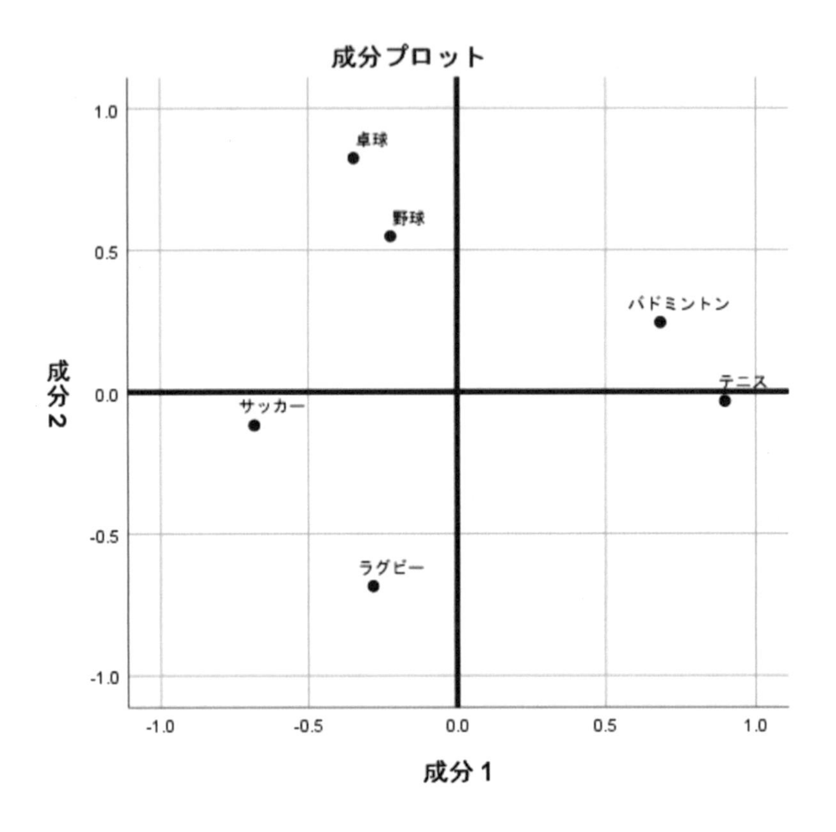

＜ 回答者の布置図（主成分得点散布図） ＞

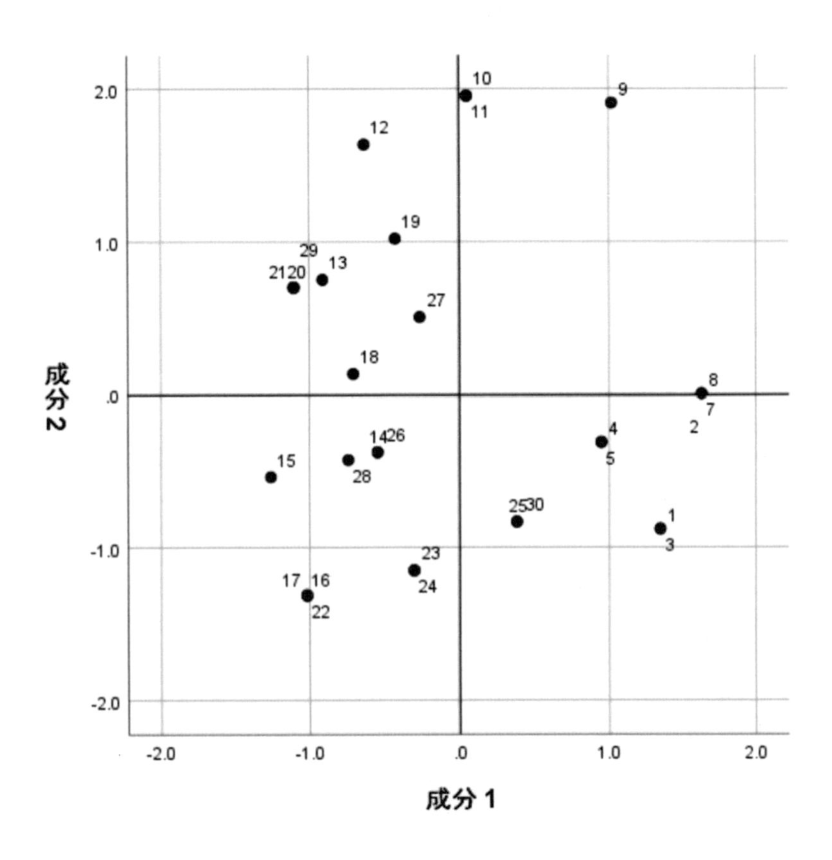

■ クラスター分析による01データ表の解析例

０１型データ表は、コレスポンデンス分析と主成分分析のほかにクラスター分析でも解析することができるので、以下に結果を示そう。

< スポーツのデンドログラム >

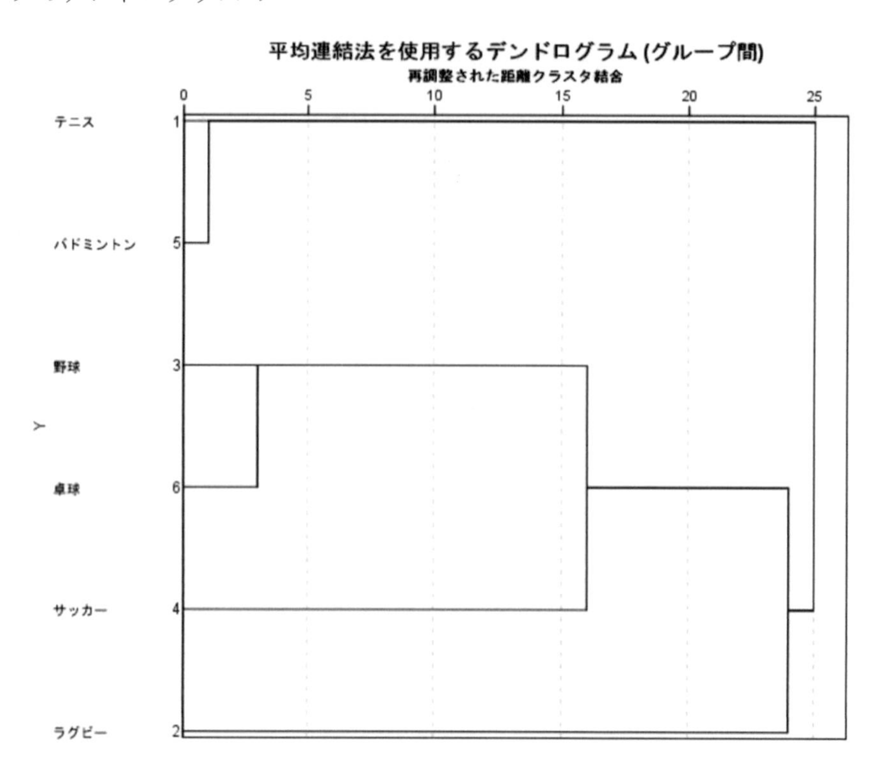

< 回答者のデンドログラム >

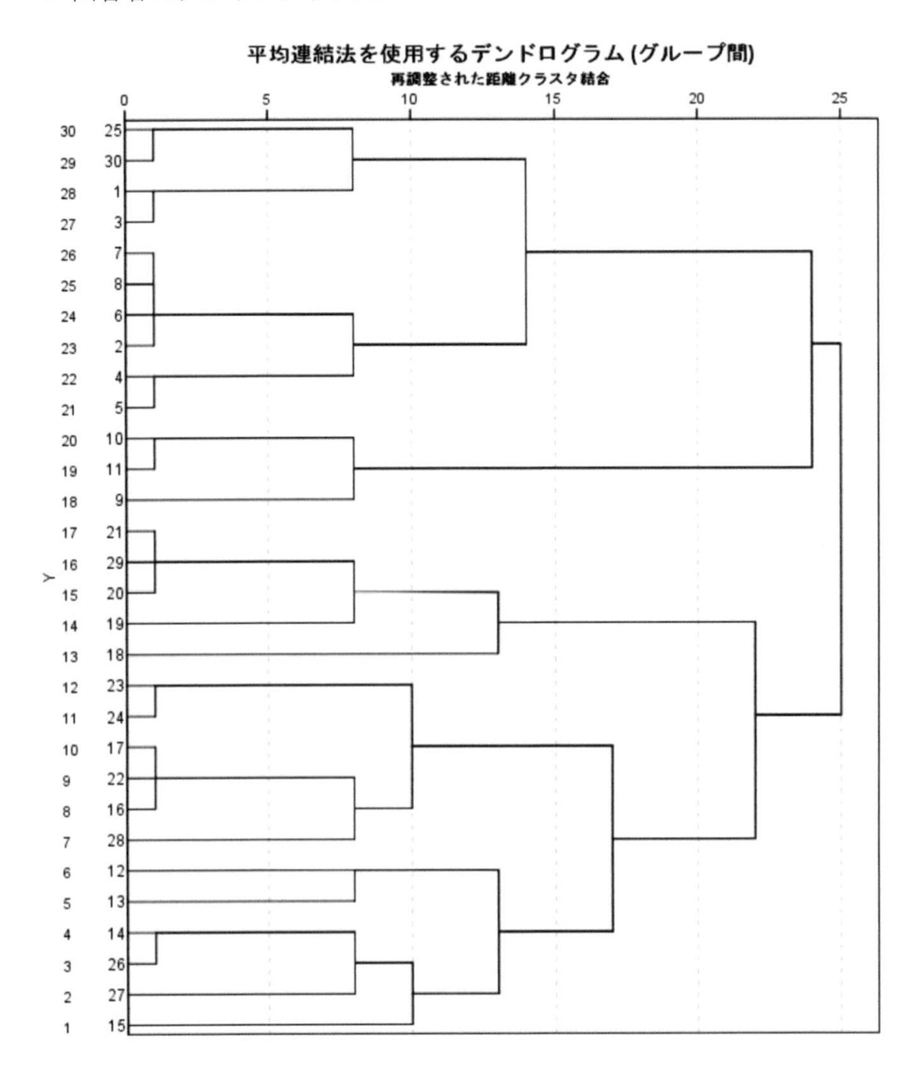

■　多重コレスポンデンス分析

3元以上の多元クロス集計表やアイテムカテゴリ型データ表は、多重コレスポンデンス分析と呼ばれる手法で解析が可能となる。

● 参考文献 ●

［1］ 内田・醍醐『成功するアンケート調査入門』日本経済新聞社（1992）
［2］ 内田・醍醐『実践 アンケート調査入門』日本経済新聞社（2001）
［3］ 内田 治『すぐわかるEXCELによる統計解析（第２版）』東京図書（2000）
［4］ 内田 治『すぐわかるEXCELによる多変量解析（第２版）』東京図書（2000）
［5］ 内田 治『すぐわかるEXCELによるアンケートの調査・集計・解析（第２版）』東京図書（2002）
［6］ 川畑篤輝『マーケティング・リサーチの実務』日刊工業新聞社（1988）
［7］ 飽戸 弘『社会調査ハンドブック』日本経済新聞社（1987）
［8］ 原・海野『社会調査演習』東京大学出版会（1984）
［9］ 辻・有馬『アンケート調査の方法』朝倉書店（1987）
［10］ 広津千尋『臨床試験データの統計解析』廣川書店（1992）
［11］ 丹後俊郎『臨床検査への統計学』朝倉書店（1986）
［12］ 博報堂マーケティング創造集団編『テクノ・マーケティング』日本能率協会（1983）
［13］ Garmt B. Dijksterhuis：Multivariate Data Analysis in Sensory and Consumer Science, Food & Nutrition Press, Inc.（1997）
［14］ Per Lea, Tormod Naes, Marit Rodbotte：Analysis of Variance for Sensory Data, John Wiley & Sons Ltd.（1997）
［15］ Beverly J. Dretzke, Kenneth A. Heilman：Statistics with Microsoft Excel, Prentice-Hall, Inc.（1998）
［16］ Mildred L. Patten：Questionnaire Research A Practical Guide, Pyrczak Publishing（1998）
［17］ Derek R. Allen and T. R. Rao：Analysis of Customer Satisfaction Data, American Society for Quality（1998）

索　引

事項索引

●—— サ 行

●—— タ 行

●—— ナ 行

●―― ハ 行

●―― マ 行

●―― ヤ 行

●―― ラ・ワ 行

操作に関する索引

●―― ア　行

●―― カ　行

●―― サ　行

●―― タ 行

●―― ナ 行

●―― ハ 行

●―― マ・ラ 行

著者紹介

内田　治（うちだ　おさむ）

東京情報大学総合情報学部　准教授

・著　書　『数量化理論とテキストマイニング』日科技連出版社（2010）
　　　　　『ビジュアル 品質管理の基本（第5版）』日本経済新聞出版社（2016）
　　　　　『SPSS によるロジスティック回帰分析（第2版）』オーム社（2016）
　　　　　『すぐに使えるEXCEL による品質管理』東京図書（2011）
　　　　　『すぐわかるSPSS によるアンケートの多変量解析（第3版）』東京図書（2011）
　　　　　『JMP によるデータ分析（第2版）』（共著）東京図書（2015）
　　　　　『JMP による医療・医薬系データ分析』（共著）東京図書（2017）
　　　　　『JMP による医療系データ分析（第2版）』（共著）東京図書（2018）
・訳　書　『官能評価データの分散分析』（共訳）東京図書（2010）

他

すぐわかるSPSSによる
アンケートの調査・集計・解析［第6版］

1997年7月25日　第1版第1刷発行
2002年4月10日　第2版第1刷発行
2007年9月25日　第3版第1刷発行
2010年6月25日　第4版第1刷発行
2013年12月25日　第5版第1刷発行
2019年12月25日　第6版第1刷発行

著　者　内　田　治

発行所　東京図書株式会社

〒102-0072　東京都千代田区飯田橋3-11-19
振替00140-4-13803　電話03(3288)9461
URL http://www.tokyo-tosho.co.jp/

ISBN978-4-489-02331-6